奥斯曼，
巴黎的守护者

〔法〕奥斯曼 著

〔法〕弗朗索瓦茨·舒艾
文森特-圣玛丽·戈蒂耶 编

陈晓琳 译

HAUSSMANN

CONSERCATEUR

DE

PARIS

商务印书馆
创于1897
The Commercial Press

在以改善卫生条件和交通条件为目的的新道路修建工程中，奥斯曼时刻谨记保护那些不起眼却依然坚实的老建筑，它们是这座城市的记忆。我们举的例子主要集中在圣日耳曼大道，介于圣佩雷斯街和巴克街之间，长度约为 300 米的路段上。其他示例遍布大道其余路段以及穿梭其中的城市组织。其实针对塞瓦斯托波尔大道以及其他一样能说明问题的道路也应该做同样的研究工作。

Repérage des
photographies

N

5

6

4

boulevard

boulevard Raspail

rue de l'Université

Rue des Saints-Pères

-Germain

3

2

1

① 圣日耳曼大道 190 号

②圣日耳曼大道 202 号

③ 圣日耳曼大道 205 号

④ 圣日耳曼大道 206 号

⑤ 圣日耳曼大道 220 号

⑥ 圣日耳曼大道 228 号

目录

前　言

如今巴黎是世界闻名的旅游城市，游客络绎不绝。这座城市今日的辉煌毫无疑问应该归功于奥斯曼省长在其 17 年任期内（1853—1870）对它进行的改造。

当今全球化的背景为奥斯曼省长的改造工程赋予了新的含义。换句话说，这个我们称为"全球化"的文化革命其实自从人类过渡到定居阶段之后就从未停歇过，直到今天全世界都采用同样的工艺和工具（比如交通工具和通信工具），人口聚集模式也如出一辙。[1] 然而，人类学家的研究向我们

---

[1] 这就是为什么我在 1998 年向法国环境能源部、交通部和住房及土地规划部提出建议，将"全球化"称为"电子科技革命"（*Pour une anthropologie de l'espace*, note p.229, Paris, Seuil, 2006 ）。

敲响了警钟，列维－斯特劳斯在一篇著名文章中指出："我们通常所讲的绝对意义上的世界闻名是不存在的，也不可能存在，因为文明意味着多种文化共存，并且最大程度地实现文化多样性。文明的意义恰恰就在于共存性。"[1]

也许奥斯曼时代这种同化趋势的危害还没有引起重视，但其实巴黎的改造工程可以被称为"反全球化"工程，正因为完整地保留了这座城市的特性，如今的巴黎才得以散发出它独特的魅力。

早在 1969 年，我就在一篇发表于美国的英语文章 [《19 世纪的现代城市规划》[2]（ *The Modern City Planning in the 19th Century* ）] 中强调过奥斯曼在工业时代的西方城市规划领域的先驱地位。

不过，这次我希望能够打破对奥斯曼改造工

---

[1] Race et Histoire, 1952, Coll. "La question raciale devant la science moderne", Paris, Unesco. repulié avec "Race et culture", in Race et Historie, Race et Culture, Paris, Albin Michel, 2001.

[2] New York, Braziller.

程的程式化解读，为此，我决定重新发行奥斯曼男
爵的回忆录。不过我自己还是太天真了：在过去
的 20 年里我的再版计划一直被各个法国出版社毫
无缘由地回绝，直到国家图书中心出手相助，并提
供了全部再版费用，之后我才得以和文森特－圣
玛丽·戈蒂耶着手《奥斯曼回忆录全集》[1] 的再版
工作。

这次再版的回忆录不仅配有大量评论文章，随
书还附有工程图纸和索引目录（专有名词、地名、
古迹名称）。更重要的是，在前言中还从技术和社
会两方面对奥斯曼前所未有的改造工程进行了双重
解读。

值得一提的是，1851 年拿破仑三世通过政
变取得君主和总统的双重身份后就曾打算委任奥
斯曼为（巴黎）警察总监，但被后者婉拒了。随
后 1853 年奥斯曼接受了内政部长佩尔西尼（Persi-

_____

[1]　Paris, Seuil, 2000.

gny）的邀请，出任要职，不过这次不是警署方面的
职务，而是塞纳省省长一职。

从技术层面上讲，奥斯曼团队在改造的前期
准备中对工业革命背景下的巴黎及其周边地区进行
了细致入微的考察。在彻底了解巴黎市貌并制定出
详尽的改造清单之前，奥斯曼省长坚决不动这座
城市的一草一木。为此，在省长的办公室里挂着一
幅 1:5000 的地图，这张图上标满了工程前前后后
他和他的团队所需要的各种信息。举几个例子：图
中标有巴黎城市组织等高线的详尽数据，等高线在
开通新道路的工程中必不可少，这些信息可以用来
调整拿破仑三世提出的新道路开通方案，因为这位
统治者 11 岁的时候就离开巴黎了，所以对巴黎地
势不甚了解；[1] 图纸中还记录着巴黎城市内部的分
隔方式，这座城市内部由众多独立的教区组成，这

---

[1]　Cf. *Mémoires*, op.cit., p.472 et 801.

种布局很不利于交通；[1]同时，还有各种老旧住宅，以及一些卫生状况欠佳、维修费用巨大的民宅，等等。

对巴黎的基本情况进行分析整合后，接下来就要开工了：这在当时绝对可以算是一个让巴黎脱胎换骨的巨大工程。整个改造工程可以概括为两方面，即对巴黎城市空间格局的改造和对其社会职能的改造。

这次改造工程将巴黎及其周边地区按照职能划分成不同等级的区域，这是前所未有的。改造后的道路网可以从南到北、从东到西贯穿整个巴黎。不仅如此，这些道路网还和火车站的铁路网相连，也可以连通巴黎小环线铁路。更值得一提的是地下管线的改造。巴黎的下水道管线可以追溯到古罗马时代，这条下水道管线一直沿用至奥斯曼时代，改造

---

[1]　Cf. Maurice Halbwachs, *La Population et les tracés de voies à Paris depuis un siècle*, Paris, Presses Universitaires de France, 1928.

计划决定将现有管线升级，并增加一条引流管线，将其分成饮用水管线和工业用水管线。

值得注意的是，在奥斯曼改造工程之前，巴黎市民的饮用水源一直都来自塞纳河，除了极少数地区的居民可以喝到泉水以外（参见今日位于巴黎16区的水泵街[1]），大多数巴黎人的饮水问题只能靠送水工每天从塞纳河取水送到家中才得以解决。得益于奥斯曼的改造工程，巴黎市民从此就可以喝到通过管道供应的无污染泉水了：经过讨论，奥斯曼省长要求负责下水管线的工程师贝尔格朗（Eugène Belgrand）选用迪斯河（Rivière de Dhuis）的泉水，以替代之前取自乌尔克运河（Canal de l'Ourcq）的河水。[2]

最后一级区域就是城市绿地。这些绿地内部又被划分成不同等级，其中居住区周边的绿化工程

---

[1] 此处指位于巴黎16区的拉马丁广场之泉（Fontaine du Square Lamartine）。——译者注

[2] *Anthologie*, p.22.

得到了额外重视。物理学家杜马（Dumas）也为奥斯曼的绿化工程献言献策。当时巴斯德的"细菌学说"尚未问世，奥斯曼团队倡导的绿化工程大大改善了城市卫生状况，在当时极具先驱意义，而且更重要的是，全城的市民，无论贫富可以无一例外地享受到绿化带来的福利。

不仅如此，免费的托儿所遍布巴黎全城，巴黎市民还可以享受到健全的医疗服务系统，在城市各处都可以找到医疗门诊。[1] 这里还不能不提到奥斯曼团队对基础设施的改造，这里所讲的基础设施被奥斯曼省长统称为"基础系统"，主要包括我们今天所说的"街道设施"。换句话说，就是确保道路和广场使用安全的设施，比如广场护栏、绿地护栏、用于回收废纸和各种废物的金属垃圾桶、公共

---

[1]　20世纪70年代，时任古斯塔夫鲁西癌症研究所（Institut Gustave-Roussy）所长的乔治·马蒂（Gorges Mathé）毫不掩饰他对巴黎医疗设施布局的赞美之情，他认为这样的设计不仅有助于患者及早检测出癌症早期症状，如遇紧急情况还可以避免由于路途遥远造成的抢救滞后等严重后果。

座椅等等，这些设施都经过巴黎市的建筑师和工程师的精心设计，在严格考究之后才投入工业生产。

　　奥斯曼省长改造巴黎的工程在当时受到了世界各国的一致赞誉，赞美之词不仅响彻欧洲（西班牙、意大利、英国……），甚至传到了美洲大陆。[1]然而奇怪的是，当时法国人自己却对这项伟大的工程并不买账，质疑之声不绝于耳。奥斯曼本人对于国人的诋毁也感到黯然神伤。

　　反对派的批评声非常刺耳，最著名的反对者莫过于著名文人、学者维克多·弗奈尔（Victor Fournel, 1820—1894）。在他看来，"这些所谓的美化巴黎的工程实质上是镇压起义的防御手段"，而它的总设计师奥斯曼则是"右派的阿提拉"。[2]这里还要提到以龚古尔兄弟为代表的保守派人士，

[1]　Cf. infra, *Anthologie*, p.103.

[2]　*Paris nouveau et Paris futur*, Paris, Lecoffre, 1865, p.220. 阿提拉（Attila），古代欧亚大陆匈奴人最为人熟知的领袖和皇帝，史学家称之为"上帝之鞭"。——译者注

他们满腹伤感地哀叹道:"我对眼前的这一切备感陌生,这些笔直的大道毫无新奇感,简直就是条条僵硬的直线……现在的巴黎就好像一座未来风格的美式空中花园。"[1]

法国国内的批评声此起彼伏,以至于 1868 年就连茹费理(Jules Ferry)都旁敲侧击地开玩笑,暗指奥斯曼信誉不佳。改造工程的资金主要由巴黎市提供(巴黎建设银行、面包银行、税务局、巴黎借贷银行),但是为了维持庞大的开销奥斯曼不得不求助于巴黎以外的"外部资源",然而这个举措"并没有得到议会的批准,因为议会中大部分人反对巴黎的改造工程"。茹费理借此讽刺奥斯曼的预算是"奥斯曼难以置信的账目"。[2] 奥斯曼的这个外号沿用至今。

在整个改造过程中,除了亲身参与到工程中的

---

[1]　*Journal*, 18 novembre 1860, Paris, t. I, p.269.

[2]　典故出自当时著名的轻歌剧《霍夫曼的故事》(*Les Contes d'Hoffman*)。——译者注

各行各业的工作者之外（工程师、建筑师、学者，等等），奥斯曼身边也不乏坚定的支持者，其中有三位最为著名。

第一位就是《建筑学》（ *Revue générale de l'architecture* ）杂志的创始人凯撒·达利（César Daly, 1811—1894）。当时法国还没有专门讨论城市和郊区规划问题的期刊，这份彩图杂志是这个领域的先驱者。在巴黎改造过程中，《建筑学》可谓是奥斯曼团队的官方宣传媒体，每一期杂志都对他的改造计划进行详细分析和讲解，起到了极大的宣传作用。

第二位是福楼拜的挚友马克西姆·德冈 [1] （Maxime Du Camp, 1822—1894），他呼吁市民少安毋躁："改造巴黎已经迫在眉睫；铁路每天都向城市运送成千上万的旅客，巴黎应该成为一座能够承载如此大规模人流的新城……当然，施工会给我

---

[1] *Paris, ses organes, ses fonctions, sa vie dans la deuxième moitié du xixe siècle* Paris, Hachette, 1869—1875.

们这些身处其中的普通市民带来诸多不便：我们以前的生活习惯被打乱了，整个城市尘土飞扬，到处都是残砖碎瓦；许多公共场所变成了工地，我们在城市里散步都找不到栖身之所，因为到处都被施工征用了；这的确很让人头疼，和大家一样我有时候也忍不住怨声载道。但是当我们看到以前破旧的巴黎披上了崭新的外衣，那时候大家还会满腹牢骚么？"

　　第三位支持者是泰奥菲尔·戈蒂耶（Théophile Gautier）。在为爱德华·弗尼耶（Éduard Fournier）的新作《废墟中的巴黎》（Paris démoli, 1858）撰写的序言中，戈蒂耶直言不讳地表示："当代的巴黎已经与以前老旧的环境格格不入……现代文明中的道路应该是宽敞明亮的，让我们忘记以前老城的小胡同和十字路口吧……曾经污秽不堪的房屋应该让位于整洁的住所，屋子里有利于健康的饮用水和明媚的阳光，人们在其中怡然自得，这才是适于现代人生存的住所。"

　　不过，需要澄清的是，和众多非议相比，这些正面评价只占极小比例。当然对奥斯曼持积极评价的后辈并未绝迹，比如其中最著名的有社会党人士、后加入共产党 [1] 的安德烈·莫里茨（André Morizet），他曾任布洛涅—比扬古镇（Boulogne-Billancourt）镇长（其著作《从古至今的巴黎》*Du vieux Paris au Paris moderne* 出版于 1932 年）；还有历史学家马塞尔·高尔努（Marcel Cornu），他同时还为《法国文学》（*Lettres françaises*）杂志撰写建筑评论，并著有《征服巴黎》[2]（*La Conquête de Paris*）一书。

　　许多关于巴黎的文献记录毁于 1870 年巴黎市政厅的一场火灾。虽然我们仍可以在伏尔泰 [3] 和巴

---

[1]　他是法国共产党的创始人之一。

[2]　Paris, Mercure de France, 1972.

[3]　《美化巴黎》（*Des embellissements de Paris*, 1749）选自《伏尔泰全集》（*OEuvres de Voltaire*, t. XXXIX, *Mélanges*, t. III, Paris, Librairie Lefèvre, 1830）："眼前的场景真是让人脸红：蜷缩在狭窄的小胡同里的市集，肮脏的环境一览无余，而且到处乱七八糟，细菌无处不在……漆黑阴暗的巴黎市中心简直可以是片令人羞耻的野蛮地界。我们每天都不停地抱怨，但这种毫无用处的呻吟何时才能到头啊？"

尔扎克的作品（特别是 1848 年出版的《贝姨》）中
找到对当时巴黎环境之差的详细描述，但无论如何
那些关于老巴黎市脏乱差的档案记录还是在这场大
火中灰飞烟灭了：难道这就是奥斯曼，这个"不受
法国人待见"的改造者，遭受骂名的原因？我们这
一版《奥斯曼回忆录》在出版过程中遭到了重重困
难，来自各方的阻力一直持续到 2013 年都未能平
息，看来这又是一个奥斯曼在法国口碑不佳的有力
佐证。除了仅有的几个正面评论以外（我将在随后
的附言中对他们的支持表示感谢 [1]），这版回忆录
还未面世就蒙受了评论界的一致炮轰：《费加罗报》
的评论员重拾龚古尔兄弟的言论老生常谈，而它的
同行《世界报》则犹如弗奈尔附体，一起站出来抨
击奥斯曼。

　　《黑皮书：被奥斯曼摧毁的巴黎》（*Le Livre noir
des destructions haussmanniennes*）的出版可谓是 2013 年

[1]　Cf. infra, p.15.

这股"反奥斯曼"浪潮中的代表。这本图文并茂的文集不免有哗众取宠之嫌，书名不仅彰显出作者对史实的无知，[1] 还说明他为了迎合公众心理而夸大对奥斯曼的偏见。

此外，巴黎的市政官员看来一点也不懂得维护奥斯曼为巴黎留下的遗产：便道和公园的现状便是这种无知的最好佐证。所有公园中如今得以仅存的只有卢森堡公园，得益于参议院议员们的竭力维护，[2] 它才幸免于难。卢森堡公园始终履行着它的双重使命，它不仅是外来游客的旅游胜地，同时也是巴黎本地人流连的场所，而且最近几年来这里渐渐成为附近居民文体活动的聚集地。

现在公园里不仅有供孩子和年轻人锻炼的网球场和乒乓球台，而且球台上还特别画上了棋盘以备

---

[1] Pierre Pinon, *Paris pour mémoire: le livre noir des destructions haussmanniennes*, Paris, Parigramme, 2012，这本书中所提供的数据和记录所属年代在奥斯曼出任塞纳省省长之前，所以由此可见这些记录和他改造巴黎的计划并无半点联系。

[2] 法国参议院正坐落于这座卢森堡公园中。——译者注

象棋爱好者们在公园里切磋。安装这些设施不仅没有破坏公园的景致，还让这座曾经仅供家庭妇女和孩童漫步的小花园变得活力四射。

不过，这并不意味着所有改良都合乎奥斯曼的初衷，文化遗产闲置和过度商业化就与他的人文理念背道而驰，位于巴黎的联合国教科文组织周边景观就是一个最形象的反例。

所有经奥斯曼之手改造的巴黎景观都是一组矛盾关系的集合体：保护、拆除和革新。这三种理念相互依存，在奥斯曼团队的麾下形成一组不可分割的辩证体系，成功地在当时的文化生活和时间、空间的改造中留下了一抹独特的印记。也就是说，奥斯曼既反对柯布西耶[1]式一刀切的破坏性拆除，也不赞成单单为了"保护"理念而将建筑变成博物馆里死气沉沉的陈列品。更进一步讲，奥斯曼

---

[1]　勒·柯布西耶（Le Corbusier，1887—1965）是法国20世纪最重要的建筑师之一。——译者注

常常抱怨，工程师的才华虽然为工业革命提供了技术支撑，却不足以促进建筑革新。换句话说，奥斯曼可以称得上是一位真正的人类学家，[1] 他将利特雷（Émile Littré）和维奥莱－勒－杜克（Viollet-le-Duc）分别在各自所著的辞典[2]序言中提到的三元式进化理论真正变为己用。三元式理论是文化活力的根本，下面我们就来简单解释一下这个理念。

利特雷认为，"一门语言的内部属性决定了它不可能是永远静止不变的。……所以，每一门流通的语言身上都存在三条属性：它必然有一套与所处时代相对应的'当代用语'；然后是'古语'，这套古语在遥远的过去也曾经是它那个时代的当代用语，它同时又是后世语言进化的基础；最后则是'新词'，如果运用不当，新式词汇就会阻碍语言

---

[1]　Cf. infra, Anthologie, L'histoire comme discipline, p.64.

[2]　Émile Littré (1801—1881), *Dictionnaire, étymologique, historique et grammatical, de la langue française*, Paris, Hachette, 1863—1872; Eugène Emmanuel Viollet-le-Duc (1814—1879), *Dictionnaire raisonné de l'architecture française du xie au xvie siècle*, Paris, Librairie Imprimeries réunies, 1854—1868.

的发展，反之，则会成为促进语言进化的利器。当然，随着时间的流逝，这个'新词'在未来某时也会演变为'古语'，成为我们研究历史和语言发展的依据"。[1]

维奥莱－勒－杜克则在自己的著作中向历史建筑委员会表达了自己的敬佩之情："委员会在妥善保护建筑物的同时也改变了法国建筑学的进程；维护历史的同时又不忘放眼未来。"此外，作者还将建筑发展比作语言进化历程。

正是以上论点促使我们产生了出版这本有关奥斯曼的文摘的想法。本选集中汇集的文章精练且极具代表性，集中反映出奥斯曼省长在巴黎改造工程中对其实施的保护措施。本书中收录的文章可以算是奥斯曼研究领域的精髓所在，主要归为两种类型：

——从《奥斯曼回忆录》中节选出的文章，以

---

[1]　É. littré, op. cit. I, P. III et IV.

及一些从未发表过的政府文档。这些收集到的官方文件又可以分为两种类型，其中一些是非常完善的成文，而其余的则可能只是寥寥几行的只言片语。

　　——由法国和其他外国学者所著的研究奥斯曼改造工程的文章。

　　文字之余本书还配有一组圣日耳曼大道的照片。照片真实地还原了奥斯曼改造工程之前道路和众多房屋的原貌，它们在这个巨大的改造项目中得以完好无损地保存下来。

　　　　　　　　　　　　　　　　　——编者

附言　这里我首先要提到的一本书就是乔治·瓦朗斯（Georges Valance）的《伟人奥斯曼》（*Haussmann le Grand*）。它先于本版回忆录一个月出版，是一部综合展现奥斯曼改造功绩的优秀作品。还有几篇文章也不得不提，它们的作者分别是奥利拉·马斯布吉（Ariella Masboungi）[《城市规划》（*Urbanisme*），2001 年 1—2 月]，西尔维·杜辛格（Sylvie Taussig）[《城市》（Cités），Paris, PUF, 2002]，安德烈·扎弗利（André Zavriew）[《双重世界》（*Revue des deux mondes*）杂志，2001 年 2 月]，在这里还要感谢《双重世界》杂志的主编米歇尔·科里皮（Michel Crépu）先生的大力支持。此外，我还要感谢吉尔·杜艾姆（Gilles Duhem）在 2007 年于德国汉堡举办的 Europan 学术论坛中所做的题为"Baukultur und nachhaltige Stadtentwicklung"（《建筑文化与城市可持续发展》）的研究报告，在发言中杜艾姆详细分析了奥斯曼省长在城市组织改造过程中所运用的"保护/拆除"的辩证关系。最后，还要提到现任法国审计法院议员、未来的院长菲利普·策乾（Philippe Seguin）先生，在他的亲笔信中，策乾先生表示非常高兴能够收到我们新版的《奥斯曼回忆录》，并强调"本书针砭时弊，与当今的时政不谋而合"。

阅读指南

书中我们对奥斯曼的一些文章进行了节选。所有经后期删节的段落都会用常用标记加以说明；涉及专有称谓（如"皇帝殿下"）的删节或极短的删节部分则用星号标记出来，并不会影响引用章节的原意。

在《奥斯曼回忆录》的编纂工作中，我们沿用了作者奥斯曼在文中对大写字母的使用方法：这在奥斯曼的笔下绝非偶然，因为他会用大写的方式将文章中他认为的要点标记出来。

第一章　巴黎：六代奥斯曼家族的故土

　　本章作为《奥斯曼回忆录》的开篇，因为它的自传色彩从一开始就吸引了众多读者的注意力，当然也引起了许多质疑。

　　作为一个起源于德国的新教家族，奥斯曼一氏在南特敕令被废之前迁居法国，并从法国大革命时代起定居巴黎。这样的家族背景不乏深意：这也就是为什么乔治-欧仁·奥斯曼会对巴黎有着如此深入的了解，并用自己在科学、经济、美学领域的卓越建树无条件地服务于这座城市，全身心地热爱它。

告读者 [1]

[……]

　　我开始写这些"回忆录"的初衷并不是为了做广告——至少在我有生之年我并无这样的打算。我是在一位好友的再三建议下才决定写下这些文字的：向我提出这个绝妙建议的朋友就是法国国立文献学院（École nationale des Chartes）的毕业生 *、研究历史未解真相的专家儒勒·莱尔（Jules Lair）先生。

　　他让我明白自己有责任让我的家人和朋友了解我的事业，毕竟他们对我的公众生活知之甚少，而且最重要的是，在巴黎任职期间我的工作艰巨且极具挑战性，我应该对其进行总结；这个总结也可以

[1] In *Mémoires*, op. cit., t. I, p.65 sq, "告读者"和"我的童年和家庭"、"我的学生及青年时代"，均出自作者原文，其余标题和副标题为编辑后期加入，本文开篇于首版原著的第 8 页。

看作是一份陈情，我曾经的研究、工程、种种言行以及那些流产的计划都可以在这里原原本本地呈现出来，并且得到解释；最后，这部回忆录也是为了还击过往一些针对我蓄意而为[1]的误解，如果时间并不足以将一切过错平冤昭雪，那就让这些文字来纠正那些偏激的指责和无端的恶意吧。[2]

1. 我的童年和家庭

［……］我是否应该在开篇先讲讲我的家庭呢？是的，您一定会回答我这很有必要：一个人的出身氛围、教育背景以及情感、思想和世界观的形成都决定于他的家庭，至少在人生的初期家庭的影响是巨大的。我完全同意这个论断。

我出生于一个新教家庭，祖上是来自科隆选侯

---

[1]　原文"consciencieuses"，意为"有责任心"，此处指"有意识"。

[2]　In *Mémoires*, op. cit., t. I, p.67 sq.

国的法兰克人。但是从很久以前我们的家族就离开了这片故土，为了逃避宗教迫害，我们的祖先先是迁居萨克森选侯国寻求庇护，[……]随后又辗转到了阿尔萨斯大区。因为早在大约两个世纪以前路易十四统治前期，这个地区就在重归法国版图之时获得了宗教豁免权。

[……][……]揭开了许多奥斯曼祖先鲜为人知的家族历史，我们的家族在分散之前曾经可以算得上是一个名副其实的大部落[……]。不过除了我和我的父母以外，相信大多数读者是不会对这部分内容感兴趣的。但是，关于我们家族的历史我只想强调一件事，那就是，从我之前整整六代的奥斯曼家族成员都是真正的法国人。也许并未被世人所熟知，但我们家族的每一个人都虔诚地服务于这个国家，法国是接纳了我们祖先的第二故土。

虽然我们是日耳曼裔，"奥斯曼"确实是真真正正的法国姓氏。我为自己的姓氏而自豪，从不希求其他名号。不过现在我名字前面加了一个小头衔。[1] 自从我成为议员之后，参议院特别注重这方面的事情，硬要颁发给我这个我履历上本来就属于我的爵位。在参议院我的同事们只要提出申请就可以得到皇帝批准的伯爵头衔，不过我根本就不垂涎这个爵位。

当皇帝（拿破仑三世）一连颁发了多个公爵爵位后，我知道他也考虑给我加冕这个高贵的头衔，同时作为对我工作的肯定。但是由于我并没有继承人，自身实力也不足以支撑如此高位，于是我斗胆给皇帝讲了一段小趣事。我曾经用这段玩笑话回应了皇帝的两位高级官员*。

*有一次为了诋毁我，这两位官员对我说："*您早就应该成为公爵了啊！"

"公爵！……呃，什么公爵？"

"当然是巴黎的公爵啦，*或者是布洛涅公爵、

---

[1]　1857 年成为参议员后，奥斯曼开始使用男爵（Baron）这个头衔。——译者注

文森公爵、迪斯 [1] 公爵……"

"*既然这么说的话，那看来您提到的这些公爵的头衔都远远不够啊。"

"那您还想要什么名号？……王子？"

"不是，但是我要被尊称为'引水渠公爵'，这个称谓在贵族谱里可没有。"

皇帝听完之后哈哈大笑……

为了忠于自己的宗教信仰，我的家族经受了严峻的考验；我们身边大部分人是天主教徒，在很多方面天主教非常排外，在这样一个异端宗教团体 [2] 中长大 [3]，我从小就非常痛恨宗教迫害，无论它打着什么旗号、针对什么人群。我从心底尊重他人虔诚的信仰，无论是宗教信仰还是政治信仰。

---

[1]　名称出自迪斯河（Rivière de Dhuis）。奥斯曼改造工程中这条河流正是巴黎用水的引水渠之一。

[2]　在奥斯曼生活的时代，"宗教团体"泛指"周围人群的宗教信仰"。

[3]　奥斯曼家族信仰新教。——译者注

我的祖父

我的祖父尼古拉·奥斯曼（Nicolas Hauss-mann）于 1760 年出生在科尔马。

他有一个兄弟是非常著名的化学家，名字被刻在 *巴黎机械馆 [1] 中。人们常常把我祖父和他的几个兄弟混为一谈。一个多世纪以前，我的曾祖父在位于靠近科尔马的罗杰尔巴赫区（Logelbach）有一栋房产，于是几个兄弟在这里一起联合创立了一家染坊，这是阿尔萨斯最早的工厂之一，为这个地区带来了巨大的财富。

在法国大革命爆发之时我的祖父居住在凡尔赛。（他于 1786 年在这里完婚。）他当时居住的公馆位于蒙巴伦路（La rue Montbauron），处在巴黎大道和圣克鲁（Saint-Cloud）大道之间，我的父

---

[1]　始建于 1855 年，是当时巴黎世博会最重要的建筑之一。——译者注

亲 1787 年就是在这里出生的。到了夏季，他就搬
到沙维尔 [1] 的乡间别墅，从巴黎到凡尔赛就可以经
过这里。这栋别墅对面他还有另一座小别墅，叫
作"美泉"别墅，我就是在这里度过了快乐的童年
时光。

我的祖父深谙 18 世纪哲学家倡导的宽容思想，
并且赞同当时主张推翻君主制的舆论。他的知识面
极广，崇尚自由；他思维敏捷、行事果断，为人稳
重；祖父非常有主见，和当时许多人一样，他首先
希望改革当时旧制度的种种弊端和财政浪费。他的
政治理想与《人权宣言》中提到的"永恒信念"不
谋而合。

他还未满 30 岁就被同胞推举为塞纳—瓦兹省
的执政官。

1791 年他当选立法会代表，1792 年又被选为
国民公会代表，不过他并未长时间参与公会的各种

_____

[1]　位于法国法兰西岛大区上塞纳省的一个市镇。——译者注

决策。很快，祖父就凭借他务实的思想和行政管理才能在工作中（特别是在委员会例会期间）脱颖而出。作为公会的特派专员，他职业生涯最重要的功绩是协调并促成了比利时归属法国以及比利时行政改革的一系列大事件。

除了他的本职工作，由于被怀疑有"温和主义"倾向，祖父在国民公会任职期间并非风平浪静，因为在这个令人生畏的议会上，他曾多次试图为遭到不公审判的将领和官员辩护，不幸的是，这些勇敢的行为几乎都无一例外地以失败告终。

在法国王朝复辟时期，我的祖父遭到无端诽谤，德卡兹[1]先生指控他犯有捏造伪证和谋逆罪行。然而在国王路易十六受审之时，我的祖父并不在巴黎，虽然一些历史学家、专家和政论作者捕风捉影，但他实际上从未参与过任何有关国王的审

---

[1] 埃利·德卡兹公爵（Elie Decazes，1780—1860），在法国王朝复辟时期曾先后任职警察局长、警察部长和内政部长。

判。＊无论如何，时任警察部长的德卡兹先生不等
他主持的调查水落石出，就迫不及待地主张将我
的祖父驱除出法国。保皇党的举动实在粗暴无礼。
[⋯⋯]

我的祖父于是被迫流亡到瑞士巴塞尔，不过
他几个月后就得以回到法国；他随后卖掉了在塞
纳—瓦兹省的房产，来到巴黎定居，住在我祖母的
房子里，这座别墅位于圣奥雷诺市郊北部，所在区
域名为洛尔区（Faubourg du Roule）。于是祖父就
在家人、朋友的拥戴下在这里开始了新生活，周围
的居民都非常尊敬他。祖父在这里的生活远离外界
纷扰，他喜欢把时间用在阅读自己喜爱的哲学著作
上，比如蒙田的《随笔》和皮埃尔·沙朗（Pierre
Charron）的《智慧之书》（Livre de la Sagesse），此
外他还酷爱研究收藏于卢浮宫的古代艺术品。这
位"残暴的嗜血者"乐此不疲地沉浸在文学和艺术
的殿堂中。直到我进入省行政局工作之前，我一直
定期来这里拜访我的祖父，倾听他的教诲。他于

1846 年长眠于此。

我的父亲

在法兰西第一帝国时期，我的父亲在部队担任战争特派员一职。随后在王朝复辟后，他成为了军队的半饷军官。[1] 他一直在部队留任直至七月革命，此后他又被征入后勤军需处服役。

父亲在 1848 年法国"二月革命"爆发之前退休。此后他致力于为政府部门处理文案和出版物，并为军队供给提供服务，直到 1876 年逝世。

我的父亲出生于 1787 年 9 月中旬，他和我母亲结婚的时候还未满 19 岁——那时我的母亲也只有 17 岁。他们于 1806 年 6 月 6 日结为连理。

我的母亲于 1789 年 2 月出生于兰道市，那时

---

[1] 指法国王朝复辟时期被政府解职的第一帝国军官，只领取半饷。——译者注

这座城市还属于法国。和我们一样，她也生于路德教家庭。

我的外祖父

我的外祖父丹泽尔男爵将军（Baron Dentzel）于 1755 年出生在普法尔茨的迪克海姆市。他曾经在美国独立战争中与罗尚博 [1] 和拉法耶特并肩作战，是当时被称作"双桥皇家步兵营" [2] 的军官。战争结束后他被授予"圣路易骑士"头衔，并在路易十六的特许下于 1784 年加入法国国籍。

他被授予副将军衔，是当时皇帝智囊团中的一员，并受雇于欧仁王储。[3] 我父母的婚礼就是在

---

[1] 罗尚博伯爵（Comte de Rochambeau，1725—1807），法国军事家、贵族和元帅。他帮助美国赢得独立战争，在其中发挥了重大作用。——译者注

[2] 法兰西王国于 1757 年创立的步兵团，于 1781—1782 年参与了美国独立战争。——译者注

[3] 欧仁·德·博阿尔内（Eugène Rose de Beauharnais），1781 年 9 月 3 日生于巴黎，1824 年 2 月 21 日卒于慕尼黑，是拿破仑一世的养子。

外祖父位于凡尔赛的府邸"隐士宫"中举行的，他们在花园深处的一座希腊式小教堂中结为连理。这座建筑毗邻特里亚农宫，曾经属于蓬帕杜尔侯爵夫人。

在首次征战普鲁士期间，也就是我父母婚后不久，丹泽尔将军受命（1806 年 9 月）占领魏玛市。不久之后，拿破仑皇帝就前往这座城市，并将此地作为大军团（Grande Armée）的总部。外祖父在以胜利者的姿态进驻这座被誉为"德国的雅典"的城市之后，将城市的方方面面都治理得井井有条，并且未对大公宫造成任何损害。见证席勒和歌德名作问世的著名剧场、图书馆、藏有无数珍宝的博物馆也都完好无损。时任萨克森—魏玛大公亲信的歌德特地给我外祖父写了一封信，向他表示感激之情。大公随后重新掌管自己的公国，并且加入了莱茵邦联。在《提尔西特条约》签订后，他给我外祖父写了一封亲笔信，随信还附有一个闪闪发光的钻戒作为送给我外祖母的礼物，以感谢外祖父对他及其家人的保护。——这些信物如今都由我保管。

1809 年在占领维也纳之后，拿破仑将总部设在美泉宫，并且任命我的外祖父丹泽尔将军为奥地利帝国首都的总督。外祖父非常注重与当地民众和睦相处，在他卸任后，当地人民送给他一件珍贵的纪念品以示感谢。这件纪念品如今由我保存，它是一个精美的镶金盒子，在盒子里写着这样一句留言：谨献给带走战争创伤的圣洁灵魂。[……]

随后对俄国的讨伐战争让外祖父感到精疲力竭。他于 1816 年退休，于 1828 年逝于凡尔赛。

乔治－欧仁·奥斯曼男爵

现在该轮到我了。我于 1809 年 3 月 27 日生于巴黎。我出生在一座被花园和庭院环绕的小公馆里，这座建筑曾经隶属于包税人博荣（Beaujon）先生。不过在我任职塞纳省省长期间，为了能在圣奥雷诺市郊北部、奥斯曼大道和弗里德兰大街交接处开辟一个小广场，我下令拆毁了这座建筑。在我出生几天之后，我就在卢浮宫新教教堂接受了洗礼。这座教堂毗邻里沃利街，随后由巴勒达尔＊（Baltard）先生负责建筑的修缮工作。我的家庭本来隶属于奥格斯堡新教教堂（Eglise de la Confession d'Augsbourg），但当时这座教堂在巴黎还没有礼拜场地。

出于对我外祖父的敬仰，欧仁王储特地垂顾收我为他的教子，我的洗礼仪式也是由他主持的。我于是有了两个教父，所以在民事登记时我提前冠名了两个教父的前名：乔治和欧仁。

我和我的长姐，也就是后来的阿尔多（Ar-taud）夫人，都是由我们的母亲哺育的。我呱呱坠地的时候母亲刚满 20 岁。她的性情细腻又柔和，我也遗传了她敏感的性格，所以我在成长过程中特别需要呵护，以至于我自己都觉得长大是一件特别快、特别累人的事情。

所以在我两岁的时候，我的祖父奥斯曼和我的祖母把我接到了沙维尔的乡间别墅，我无论冬夏一直陪伴在他们身边，直到 1816 年 2 月祖父母移居瑞士。

当我父亲不在军队工作的时候，他就带着我的母亲和我的姐姐来看望我。同行的还有我的弟弟，他比我大概小两岁。他们一般都会等到气候宜人的时候来和我共度一段美好时光，剩下的日子他们则定居在我外祖母丹泽尔的官邸"隐士宫"。[……]

我很小就开始学习识字了，这要得益于当地一位年老的女教师，她在这座小小的沙维尔镇教书，上课地点就在"美泉"旁边；我也很早就跟着阿弗雷城的小学老师学写字了，他的学校坐落在通往凡尔赛的公路上，正对着池塘路的下半段，我每次就是在我家园林长儿子的护送下走这条路来上课的，之前还要穿过"伪休"树林（bois des Fausses-Re-poses）。我经常和园林长的儿子外出远足，如果祖父能陪我，我们就一起去默东（Meudon）和维洛弗雷（Viroflay）的树林；如果他不在场，我们就去马恩森林。不过祖父有陪我出游的习惯，因为他特别关心我。

我觉得我可以说：我是由自己的祖父抚养成人的。所有的孩子都很容易受到家人的影响，祖父是一位真正的智者，他家中一切都井井有条，他的思维清晰、理智、讲究条理，我在耳濡目染下也深受其影响。我认为，自己性格中这种淡然的坚定、无畏的恒心正是得益于自己的祖父*，这些品质帮助我在今后的人生中战胜了无数障碍*。

当我还在大学里学习法律，对未来没有明确目标时，祖父对时局一句轻描淡写的概括给我留下了深刻的印象，并且毫无疑问地决定了我今后的职业导向："大家并没有真正意识到，"祖父曾经提到，"并没有真正意识到法国的潜力，只要我们能合理统治，最重要的是合理管理和经营我们的国家，法国就会变得无比富饶和强大！"［……］

虽然从我的青年时期以来，家人就只想让我从事文职工作；但是在帝国统治下，还是个孩子的我就已经对军旅生涯产生了先期的热情，与军事有关的一切都令我心驰神往。

[……]

我有时会离开沙维尔去"隐士宫"住一段时间，这里周遭都弥漫着军旅氛围，这时我就更加迫不及待地想要立刻入伍，报效祖国。在这里我参观了特里亚侬周边，还看了阅兵式。每周日大批群众都会从巴黎涌入凡尔赛大喷泉为皇帝和皇后喝彩。皇帝和皇后乘坐敞篷车来到公园接受群众的欢呼，车子由六匹马驾驶，周围围满了马车夫、侍从和官员。这一切都让我兴奋不已。我迫不及待地期盼着有一天自己也能骑在马上，和皇家卫队并肩前行，被这些尚未成年的年轻侍从簇拥着，[……]这些年轻人信心满满地等着加封骑兵中尉。事实上，我出生不久后，我的教父欧仁亲王就向我的外祖父承诺，一旦时机成熟，就让我应征入伍！

不过，我之后的表现值得比这个允诺更好的待遇。

当我还是个小男孩的时候，有一次我祖父——他在当时享有将军头衔——带我到特里亚侬看望教父欧仁王储。在会见王储之前，我和祖父就在花园小路上散步。谁知这时皇帝本人突然出现在我们面前。他的手扶着身边的侍从官，低着头，神情凝重。我和祖父立即在林荫小道边站好，并且摆出了未配武器的军人站姿，我一边向皇帝行军礼，一边大叫道："吾皇万岁！"皇帝先是吃了一惊，进而停下脚步，用严肃的语气问道："将军，这个小孩是谁？""殿下，这是我的孙子，今后将会成为一名追随罗马王[1]的战士。我和他现在正在等着接受意大利亲王[2]的接见，他是这孩子的教父。"皇帝陛下面带笑意，回答道："噢，原来是这样，太好了！"然后，他目不转睛地盯着我看了几秒，与此同时我

---

[1] 此处指拿破仑二世，他出生后即被封为"罗马王"（Roi de Rome）。——译者注

[2] 此处指欧仁·德·博阿尔内（参见第 34 页注释 3），即奥斯曼的教父。1804 年拿破仑称帝后，欧仁获封为意大利亲王。——译者注

也聚精会神地注视着他，而且站得笔直。我右手紧紧握着筒状军帽，左手紧贴着裤线。我当时穿着我叔叔所在兵团的轻骑兵戎装，我祖父自然而然地也穿着军装。"天啊！"殿下又开口了，"我的小朋友，你现在就想去军队当兵了？""我想先成为皇帝陛下的青年侍从！"我无所畏惧地回答道。随后我又复述了几句平日经常从祖父口中学来的话，这时祖父站在旁边已经紧张得说不出话来了。殿下笑了起来，低头撅起我的下巴和蔼地对我说："嗯，这个选择还算不错。好吧！小朋友，那你可要快快长大，学骑马，这样就能实现你的梦想了。""吾皇万岁！"我又欢呼起来。这时皇帝陛下离开我们，继续他的散步。我的祖父也已经从呆若木鸡[1]的状态中恢复过来，随后向欧仁亲王有说有笑地讲起了我们的偶遇："这真是太棒了，"殿下听后揶揄道，

---

[1] 原文用词 souleur：法语 Littré 辞典中释为"突如其来的恐惧，震惊或激动，属于通俗用法"。*Dictionnaire*, t. IV, p.2003.

"我很高兴地看到我的教子没有被连环炮吓倒！"[1]

从这个极具纪念意义的一天开始，我的军人情结变得前所未有地高涨*。这时恰逢法国军队在外遭受一连串重创，以征战沙俄*溃败为导火索，战况急转而下，接着就是莱比锡战役，直至1819年法国被入侵。[……]

在这段峥嵘岁月里*，我陪祖父祖母留在他们位于沙维尔的"美泉"别墅里，[……]我的父亲和他的弟弟*在军队中征战。祖父和我的舅舅四处奔走忙于政治周旋。我的母亲和我的小弟弟留在巴黎，因为弟弟这时太年幼了；我的姐姐和我的外祖母丹泽尔留守在"隐士宫"*。

我想我在这里无须赘述大家面对紧迫时局的焦虑不安，也不用强调战时生活对我幼小心灵带来的重创：我每天目睹一拨拨军队开拔，运送伤病的

---

[1]　原文用词 feux de file：两行开火或纵列开火；军队采用纵列方式连续开火，Littré, op.cit., t. II, article « Feu », 18.

车队络绎不绝，敌人以征服者的姿态向我们步步逼近，更不用说战争后期我们每天都能听到从四面八方传来的枪炮声。如果说这段日子让我深受重创，其实我并非被恐惧击倒，正相反，这一切让我心中燃起满腔怒火，我为自己不能快快长大去战场上拼搏而感到愤然 *。

一次一队骑兵在离凡尔赛不远处交战，作战地点就在格拉蒂尼（Glatigny），位于"隐士宫"前方；在城市内部，战斗直逼"水库街"（Rue des Réservoirs）。我们位于沙维尔的别墅上方是一片丛林，先头部队就在这个地带作战，这片森林不久就被占领了，外国部队和他们的救护车在巴黎肆无忌惮地驰骋。时任镇长，也就是我的祖父奥斯曼，为了避免敌军掠夺市镇财产，不得不违心接受敌军长官的征用命令；我看到自己的祖母和当地妇女被勒令为巴伐利亚军官包扎伤口！

大批哥萨克军队驻扎在维洛弗雷、沙维尔和塞夫尔地区。于是我有机会近距离观察这些奇怪的外

国骑兵 *：他们手中的长枪长到不可思议，这些人的穿着显得很没有教养，甚至可以说令人作呕。很久以后我才听说，那时当地很多妇女和年轻姑娘，包括我家当时还未满十五岁的小女佣詹娜，她们都比我更近距离地体会到了这些野蛮人的粗俗，甚至不幸成为了他们卑鄙下流的牺牲者。

在法国投降不久后，我去巴黎看望我的母亲 *。有一天晚上我参加了一队沙俄皇家卫队的祈祷仪式，他们当时负责守卫驻扎在香榭丽舍大街上的沙皇亚历山大一世。没有什么比这个庄严的仪式更能激起军队的敬意了。[……]

在我的家中，波旁王朝复辟让每一个家庭成员都眉头紧锁。但拿破仑从厄尔巴岛归来的消息倒是激起了我们短暂的希望。不过没过多久大家又被迫拿起武器奔赴战场。所有人都出征了，甚至是我的祖父——沙维尔镇长、年迈的国民议会议员，也被战争部长应征入伍，负责统筹一个位于法国北部的后勤军需集结地。留守在家中的女人又开始承受无止境的焦虑。

在滑铁卢溃败之后，家中所有的亲戚都从战场上回来了。除了我的舅舅丹泽尔上校手臂受了枪伤之外，所有人都完好无损。

这次外国侵略军的攻势没有上一次猛烈，可以说还比较好招架。

每当我回想起这段艰难的时光，每一次我唤醒这些依然鲜活的记忆，我都觉得这一切仿佛就发生在昨天，我理解并且宽恕这种强烈的爱国主义情结，因为我自己也深受这股激情的渲染，但正是在这种爱国主义情结的唆使下，整个法国才会在1870年轻率地发动战争，以此报复我们曾经在1814年和1815年所受的双重凌辱，时任内阁在未准确估量后果的情况下轻率地挑起这场错误的战争，最后让不幸的法国蒙受了比我童年经历过的上一次战败更惨痛的后果，我们这次不得不在曾经的基础上割让领土。然而最让我觉得不可原谅的是，当时政治家们被他们领袖[1]虚高的支持率所蒙蔽，向拿破仑三世施压，而且执迷不悟，导致法国不得不临时起义来面对早已摩拳擦掌的敌军，最终遭到重创。其实皇帝陛下早已预感到这场战争的轻率，然而他的顾虑并没有让朝野警醒，因为自从1852年制定的宪法被篡改以后，他对各部部长的威慑力就已经大大减弱了。[……]

2. 我的学生及青年时代

1816年2月离开沙维尔的时候我已经快7岁了，[……]对我来说巴黎的空气并没有乡间那么让人心旷神怡。家里把我和我弟弟送到了寄宿学校，学校位于距离国玺镇[2]不远的巴纽镇[3]，我们的

---

[1] 埃米勒·奥利维耶（Emile Ollivier），1825—1913。
[2] 国玺（Sceaux）是法国法兰西岛大区上塞纳省的一个市镇。——译者注
[3] 巴纽（Bagneux）是法国法兰西岛大区上塞纳省的一个市镇。——译者注

老师勒嘉尔（Legal）先生是一位前奥拉托利会[1]成员，他一共有五十多名学生，我们一起住在一座高大整洁的房子里。——我在这里待了两年*。

我们这位学识渊博的老师有一套自己独特的教学方法，那就是引导学生们爱上学习，将教学内容以有趣甚至是搞笑的形式呈现出来。换句话说，就是贯彻"寓教于乐"的教学方式。我们的老师坚信丰富多变的教学模式可以让学生精神放松，并且集中注意力，所以他的授课内容丰富多彩，通过娱乐的方式向学生展现他的博学多识，并且针对每个学生的年龄和领悟能力调整教学内容。此外，老师深受贺拉斯的影响，比起向学生耳朵里源源不断地灌输教条，他更注重于引导学生自己观察。

举个例子，每天晚上我们并没有每个人躲在自己的角落里埋头苦学，学习能力更强的学长们会在复习功课的同时加入化学实验室、物理实验室以及

---

[1] 奥拉托利会，罗马天主教神职班修会。——译者注

老师组织的自然科学展览，[1] 将他们的学习经验分享给学弟学妹们，因此在高年级学生学习的同时低年级的学生也可以受到启发。大家在实验室对各个科学现象答疑解惑，这些一问一答其实也是一种课堂形式，而且更能吸引学生注意力。

天气好的时候，老师就带我们到一片宽敞的平台上观天象。他教我们如何分辨行星和恒星，告诉我们哪些是极星，怎样找出黄道十二宫，如何定位主要星座……不知不觉中，老师就潜移默化地传授给我们一些基本天文定理。

白天上课的时候，他坚持让我们在课间休息时进行体育锻炼。那个时候我们还不知道有体操这个东西。[2] 我们在课间进行跑步和跳跃运动，还玩各种各样的游戏，学习剑术；我们夏天游泳，冬天滑冰；我们还有一个小植物园，每个学生在那里都

---

[1]　原文为 exhibition，意为"表演、节目"，此处指"展览"。

[2]　1878 年，时任部长维克多·德鲁伊（Victor Ducruy）将体操教学引入法国初中和高中，法国开设这门课程比瑞典和瑞士晚半个世纪。

有自己的一小块地，学生分成多个小组来学习主要植物的分类和特征。学得好、任务完成得最快的学生可以比其他人早休息，所以这是一个不错的激励方法。

外出远足是我们采集植物标本的好时机。我们在野外还可以追蝴蝶，捕捉昆虫，学习分辨小麦田和黑麦田（许多巴黎人看不出两者的区别），区分金花菜和岩黄芪还有各种树木和灌木的属性。

老师用各种各样极具创造性的方式帮助学生化解了自然科学的抽象和晦涩。

至于拉丁语和希腊语的教学，我们是两种语言一起学的。在课上我们分别阅读两种语言的文章，这样我们可以在阅读中比对两种语言各自的特性以及区别，从而在脑海中形成对这两种语言的固定思维模式，让我们不至于在晦涩难懂的语法规则面前手忙脚乱——要知道这些语法规则是语言初学者的最大敌人。我们还养成了在朗读中体会语言韵律的习惯，阅读是掌握语言诗律的唯一方法；每当我们翻译词句的时候，老师都会在翻译过程中潜移默化地向我们传授文章的表达手法。

美术课上，我们并没有照着模板机械地复制模特的眼睛、鼻子和嘴，而是发挥自己的创造力重塑眼前的静物或人物；[1]音乐课中，我们并不拘泥于前期理论学习，而是在实践中体会音乐的美感。

我在这座杰出的学校中学习了两年。这段时光对我极其重要，为我日后求学经历奠定了必不可缺的基础。我在这里培养了对各个学科的基础认识，开阔了视野，这段经历引导我秉承探究的精神继续深入学习；我还拓展了知识面，在这里学到的很多知识对我日后的行政生涯起到了巨大的帮助作用。

待我长到 11 岁入学年龄的时候，父亲把我送到亨利四世中学（在第一和第二帝国时期被称作"拿破仑中学"；如今改名为"康多塞中学"）寄

---

[1]　此后由于维奥莱－勒－杜克（Viollet-le-Duc，1814—1897，法国建筑师与理论家。——译者注）的质疑，美术学院判定这是一种错误的教学方式。

宿，这所中学在当时的巴黎是条件最好的学府，有宽敞的院子和种满高大树木的室外平台。我一下子就成了初中一年级学生，并且是班上的第一名。在我整个中学时光中我都轻而易举地占据着班级头名，即使我在常规学年中不得不多次中断学业，特别是在 13 至 15 岁期间，返回乡间休养身体。——成年后我的许多朋友都笑话我年少时竟然如此弱不禁风。[……]

　　在亨利四世中学求学期间，我从初中四年级开始成为沙特尔公爵[1]的同窗——他就是后来的奥尔良公爵、法国的储君、巴黎伯爵[2]的父亲。我的这位同学是个成绩优异的好学生，他总能保持在班里前十名，作为嘉奖，成绩最好的学生可以坐在班里

---

[1]　费迪南德·菲利普王子（Prince Ferdinand Philippe d'Orléans，1810 年 9 月 3 日—1842 年 7 月 13 日），是法国国王路易-菲利普一世的长子，奥尔良王朝继承人。——译者注

[2]　此处指路易·菲利普·阿尔伯特（Louis Philippe Albert d'Orléans，1838 年 8 月 24 日—1894 年 9 月 8 日），是王储费迪南德·菲利普的长子。——译者注

的"荣誉座椅"上，所以我们两个成了同桌，渐渐发展成无所不谈的好友。[……]

他的父亲——当时的奥尔良公爵，也就是日后的法国国王路易-菲利普一世，把他送到亨利四世中学做半寄宿制学生（随行的还有他的弟弟内穆尔公爵）。王子们都配有各自的家庭教师*，他们和自己的辅导老师在私人教室里复习功课*。他们中午和其他学生一起用餐；不过王子和他们的家庭教师的餐具是和我们分开的，而且用的是平碗碟，摆在餐桌的最尽头，我们的老师则坐在餐桌的另一端，两位家庭教师分别坐在他的左右。王子们则在这些老师旁边入座。我随沙特尔公爵之后就座。我们对面，在内穆尔公爵之后坐的是我的其他同学，我们外出散步和室内活动的座次都是按身高排列的，我的同学爱德华·佩柔（Edouard Perrot）和我是班里的排头。

[……]

从三年级开始，缪塞成了我们的同班同学，不过他是走读生，而且当时也并未彰显出诗人的禀赋。那时的缪塞是个特别英俊的小男孩，和我们一样留着一头金发，他没有同龄人健壮，不过身材修长，特别注重穿戴，举手投足间有些矫揉造作。同学们都叫他"缪塞小姐"！

当时正处于古典主义和浪漫主义竞相争鸣的时期。缪塞对浪漫主义青睐有加，他的那些浪漫主义风格的言论把我们的老师气得目瞪口呆，至今我都不知道该如何形容老师们气急败坏的样子。

儒勒·德·雷赛布（Jules de Lesseps）也是我的同学，他于去年（1887 年）逝世。主持开凿苏伊士运河的费迪南德·德·雷赛布（Ferdinand de Lesseps）是他的哥哥，这位实业家当时在学校主攻哲学。

［……］

文科毕业会考后，我立刻进入了法学院学习。在这里我按部就班地上课，一步步地升级，最终在 1830 年底完成了全部学业。我在 1831 年春天通过了博士论文答辩。

那时由于我的住所离学校很远，我在上下午的课间来不及回家，所以就在位于格雷路（Rue des Grès）的一个自习室注册了一个位置，在那里我有一个专用抽屉存放自己的书本。我每天早上7点离家之前吃早饭，到10点左右我在拉丁区会再吃点东西。不过我从来不去圣雅克街的"卢梭水族馆"买东西吃，因为那里从来不卖红酒*；我去的是索邦广场的"弗利科托"餐馆，这里有卖薄片排骨和所谓的牛排，只要七八块钱，而且只要食客不觉得在这个时间喝酒不合时宜的话*，他们还会偷偷地给客人倒上一杯红酒。

在这附近有一家理发店，店主为了卖弄学识在招牌上写了几句拉丁语*。不远处，他的对家用四字希腊语不无挖苦地回复：（希腊语原文），"闭嘴做好自己的事*"。

我利用课余时间轮流在索邦和法兰西公学院旁听一些自己感兴趣的课程。数年间，我这样前前后后听了许多课。我断断续续地旁听过很多老师的课，比如威尔曼[1]先生（文学）、古森[2]（哲学）、盖－吕萨克[3]和布耶（Pouyet）（物理）、泰纳尔[4]和杜隆（Dulong）（化学）、伯当[5]（矿物学）、柯西[6]（微积分），还有在矿物学院教授地质学的埃

[1]　弗朗索瓦·威尔曼（François Villemain，1790—1870）。

[2]　维克多·古森（Victor Cousin，1792—1867），电力学院校长。法国哲学史的奠基人，在法国率先引进了德国哲学，特别是黑格尔的辩证法。

[3]　路易－约瑟夫·盖－吕萨克（Louis-Joseph Gay-Lussac，1778—1850），巴黎综合理工学院化学和物理学教授、法国国家博物馆和科学院教师。在有机化学推进、气体膨胀理论、地表磁场研究等领域取得了卓越成就。

[4]　路易－雅克·泰纳尔（Louis-Jacques Thénard，1777—1857），巴黎综合理工学院化学教授。他和盖－吕萨克协作致力于钾和钠的制剂、离析硅等工作，并且发现了双氧水和硼。此外他还参与了金属元素划分的工作。

[5]　弗朗索瓦－絮尔皮斯·伯当（François-Sulpice Beudant，1787—1850），巴黎矿物学院讲师。他撰述了众多矿物学物种，并且发起了矿物学专业术语的革新运动。

[6]　奥古斯丁－路易·柯西（Augustin-Louis Cauchy，1789—1850），巴黎综合理工学院数学教授，主要教授微积分。

利·德·博蒙先生，[1] 此外我还经常去医学院的阶梯教室听课。

我无论如何也不能舍弃对音乐的热爱。我从很小的时候就无比热忱地喜欢上了音乐，以至于我自己也弄不清是从什么时候开始对它如此着迷的。不过一些传记作家借此将我描绘成一个被迫从政的艺术家，在这里我有必要纠正一下他们的误解。

在亨利四世中学求学期间，我加入了学生乐团担任大提琴手，出于好奇心我曾经学过很多种乐器，所以有时候如果其他声部人手短缺，我也会去演奏其他乐器。每逢庆典节日，我们都会在礼堂的讲台上为大家奏乐。

我因此结识了宗教音乐学院校长科荣（Cho-

---

[1]　埃利·德·博蒙（Elie de Beaumont，1795—1874），矿物工程师，地质学家，法兰西公学院地质学教授。他于 1823 年绘制了 1∶5000 的法国地质图。这份极具里程碑意义的工程为日后的科学研究奠定了重要基础。

ron）先生，他的学子众多，其中就包括杜普雷
（Dupré）和罗杰（Roger）。

礼堂角落里有一架破旧的四音区管风琴，科
荣先生时常演奏。我就在旁边观察他如何摆弄管风
琴，以前我也经常看到家人弹钢琴，自己也会弹一
点*，于是终于有一天我鼓起勇气自己亲手弹奏了
这架破旧不堪的管风琴。我弹得还不错。*为了让
我能更进一步，科荣先生主动提出教我和声。我是
个还不错的学生，在很短的时间内就做到了青出于
蓝而胜于蓝。

中学毕业后，我四处打听试图找一架供我练
习的管风琴，*朋友将我引荐给音乐学院*教授赋
格和对位法的雷哈先生（Reicha），他给我办了一
张听课学生卡，也就是说我可以旁听他在音乐学院
的课。

在未来的两年里，我都是这座著名学府的旁听
生，当时柏辽兹正是这个班上的艺术生。

这位伟大的音乐家对对位法准则不屑一顾，试

图开创新的领域。相信毋需赘述大家也能猜到，当时柏辽兹不但没有得到班上老师的垂青，音乐学院校长、德高望重的凯鲁比尼[1]甚至对他嗤之以鼻。他的境遇可想而知！柏辽兹请他的朋友们演奏他自己创作的交响乐序曲，其实他写这些曲子之前并未将赋格的"主副调"理论融会贯通。

　　柏辽兹是浪漫主义作曲家，他的音乐华丽而不羁，音响效果嘈杂，也许他的风格深受一些当时颇为盛行的诗歌影响。——我在这里指的是他学生时代的作品，这些创作最终得到了罗马大奖[2]这个迟到的殊荣；我在这并不想提他那些大部头作品，虽然它们如今备受推崇，但我认为这些作品纵然优美，却缺少一丝古韵。

　　[……]

---

[1] 凯鲁比尼（Cherubini），出生于意大利，在法国度过其大部分创作生涯，以创作歌剧和基督教音乐而著名。——译者注

[2] 罗马大奖（Prix de Rome），著名法国国家艺术奖学金。柏辽兹于1830年第四次参评时获此殊荣。——译者注

开学以后，每天上午点名之后我就离开法学院，如果需要的话晚上上课的时候再回来。*我也会上凯鲁比尼的作曲课。[……]日复一日，我在音乐上的造诣突飞猛进；[……]得益于我的天赋和文学修养，我变得越来越有创造力，甚至可以试着作曲。我于是尝试创作交响乐，或者写一段俗称"大合唱"的歌剧选段。不过音乐对于我来说只是一个颇为惬意的业余消遣，除了修身养性之外我对它并没有其他过多期许。

即使我十分热爱艺术，但是从未想过要把它当作我的毕生事业。虽然我当时还没有明确的职业规划，但是每天饭前或者饭后，我都会花几个小时的时间研读家族的公证文件，学习在现实生活中如何起草诸如不动产、遗产继承与赠予、遗嘱、婚姻、买卖租赁，以及债据、抵押等等一系列民法条款，这些基本理论我在法学院求学期间都学习过。

可以肯定的是，我当时不仅从未想过要从事艺

术家、作曲家的职业，也从来没有考虑过要到闻名
遐迩的公证员行会求职；不过我当时已经预感到这
些技能有朝一日一定会对我大有助益，而实际上，
我在工作中也确实是顺风顺水。而且，公文的文风
虽然风雅不足，但却齐整明了，日后我起草的省长
法令都延续了这个风格。

法律用语中不存在模棱两可的词汇。必须注意
每一个词都有它自己的特定含义。

也许有人不禁会问，我是如何在有限的时间内
完成如此大量、形色各异的工作的，而且还要同时
履行我的家庭义务，并且参与社交活动：要知道我
每年冬天都参加舞会，并且全年都是剧院的常客。
不仅如此，我还经常光顾卡戴街（Rue Cadet）的
驯马场、马蒂耶·古龙（Mathieu Coulon）的剑术
馆、勒巴芝（Lepage）的射击俱乐部；随着季节变
换，我还会去德利尼游泳学校游泳，去格莱希尔和
乌尔克运河的冰场溜冰，除此之外还会参加许多其
他的活动。

　　我需要事先声明一下：我们在 24 小时之内能做的事情远远比我们自己想象的要多；从早上 6 点到午夜这段时间我们可以安排很多工作，［……］特别是当我们不太嗜睡的时候。［……］总而言之，相信大家也早就料到我并非每天都要把上述所有事物一一做到。这些多种多样的工作和消遣非但没有加重我的负担，反而让我能够自得其乐，而且我有时候还能找出空闲时间吟词赋诗一番。［……］

第二章 1835 至 1859 年，
奥斯曼在巴黎的工作业绩小结 [1]

  杜马的演讲对奥斯曼改造工程进行了准确系统的概括，并且从各个角度，包括资金运作方面，为奥斯曼省长的决策做出了强有力的辩护。讲稿的字里行间体现出这位科学院著名化学家和奥斯曼省长之间深厚的情谊，二人此后并肩作战，在巴黎市的饮用水供水、美术教育等热点问题中共同面对诸多非议。

---

[1] 这篇演讲稿现藏于巴黎市行政图书馆，塞纳省，行政文件，巴黎，1859—1860，cote 21522。

巴黎市政委员会讲话

由参议员、[市政]委员会主席杜马先生[1]
于 1859 年 10 月 28 日会议发表

先生们：

在即将颁布的法律中，位于防御工事范围内的一些市镇将被纳入巴黎市。这项合并计划势必会立刻引起变革，从 1852 年延续至今的市政委员会也将随之解体。

在共同合作的四年中，我由衷感谢各位孜孜不倦的工作态度，以及对我的理解和帮助。离别之际，经过深思熟虑后我希望能在这最后一次讲话中

---

[1] 让-巴蒂斯特·安德烈·杜马（J.-B. André Dumas, 1800—1884），著名化学家、生物学家（详见其于《神经系统生理学》*Physiologie du système nerveux* 中发表的研究成果）。1832 年起加入法国科学院，并于 1860 年成为其常任秘书。巴黎中央理工学院和巴黎综合理工学院科研实验室的创始人。时任约纳省省长的奥斯曼在 1850 年政变之时与其相识，当时杜马担任了三个月的农业和贸易部长。

表达对奥斯曼省长深深的感激之情，是他给了我们这个机会，参与到改造巴黎的这项伟大的工程中。[*]

整个工程持续了五十个月，其间大家意志坚定，在一系列困难面前不屈不挠，我们先后共同克服了两次战争[1]、一次全球经济危机[2]，还有一次史无前例的饥荒[3]，最终成功让一座老旧的城市焕然一新，相信这份丰功伟绩在今后的几个世纪中都会被世人铭记。

以前塞纳两岸不能互通，导致左岸发展滞后。为了解决这个问题，大家细心研究最佳建筑水平度、桥梁宽度和稳定度，考察最适合做交通枢纽的建筑地点，最终通过了建筑方案，修建连接两岸的九座新桥：奥斯特利茨桥、阿尔科莱桥、圣母桥、小桥、兑换桥、圣米歇尔桥、苏法利诺桥[4]、荣军

---

[1]　克里米亚战争（1859）和远征墨西哥（1861—1867）。

[2]　手工业受到工业革命的严重冲击。

[3]　由于当年收成欠佳。详见 *Mémoires,* op.cit., p.640。

[4]　现更名为利奥波德－赛达－桑戈尔桥（Passerelle Léopold-Sédar-Senghor）。——译者注

院桥和阿尔玛桥。这九座桥先后成为了连接两岸的交通干线，同时也带动了城市生活，加强两岸社会活动交流。

像许多大城市一样，当时巴黎人口众多，居民区遍布全城，狭小局促、曲折迂回的道路极大阻碍了穿插其间的交通设施。如今里沃利街已竣工，雷恩大街也已经开通，斯特拉斯堡大道和塞瓦斯托波尔大道（右岸）正在全面开凿，位于法兰西岛和左岸一段的塞瓦斯托波尔大道、圣日耳曼大道、欧仁王储大道、北方大道、蒙索大道、博荣大道、阿尔玛大道 [1] 和其他一些道路也已经全面开工：整个工程拓宽了老旧街巷，开通了新道路，我们通过个人智慧和政府决策集思广益，让千家万户沐浴在明媚

---

[1]　欧仁王储大道（Boulevard du Prince-Eugène）现名为伏尔泰大道（Boulevard de Voltaire），北方大道（Boulevard du Nord）如今并入马真塔大道（Boulevard Magenta），蒙索大道（Boulevard de Monceau）现更名为库尔塞勒大道（Boulevard de Courcelles），博荣大道（Boulevard de Beaujon）如今名为弗里德兰路（Avenue de Friedland），阿尔玛路（Avenue de l'Alma）现名为杜肯路（Avenue Duquesne）。

的阳光和清新的空气中，并且改善了卫生条件。大
家凭借一腔热情通过的这些重大决议事无巨细，不
仅全面开阔了人们的视野，还提高了千家万户的生
活水准，在提高生产水平的同时减轻了工作强度，
曾经生活在暗无天日的黝黑小屋里的普通劳动者终
于得以重见天日。

考虑到民众的身体健康，我们兴修了许多公
园，这些公园与周围的大型建筑形成了鲜明的对
比，别有一番韵味，大家可以在这里尽情闲逛和
休闲。这些公园向所有人开放，市民对它们爱护有
加；大家精心维护园内环境和秩序，在欣赏美景的
同时将一切维护得井井有条。

与此同时，我们还整合了拿破仑广场 [1]（Place
Napoléon），整治并翻新了星形广场 [2]（Place de
l'Etoile），并对夏特莱广场（Place du Châtelet）

[1]　如今名为旺多姆广场（Place Vendôme）。
[2]　如今名为戴高乐广场。——译者注

和荣军院广场（Esplanade des Invalides）进行了修复和调整：新开通了女皇路（Avenue de l'Impératrice）、维多利亚路（Avenue Victoria）和战神广场路（Avenue du Champ de Mars），并且对卢浮宫和荣军院周围环境进行了整治。

得益于新开通的公路，夏佑（Chaillot）区获得了新生。降低航道后重新开通的圣马丁（Saint-Martin）运河将为一个曾经与巴黎分隔的市区带来无限商机，以前大家都觉得这个区闭塞偏远。

与此同时，中央市场得以扩建并且得到了妥善整改。巴黎司法宫所在地得到了完整修缮，让建筑从周围脱颖而出。不久后，索邦大学也将摆脱杂乱的周遭环境，重新成为科学和艺术的圣地。

奥斯曼省长极具统筹大型工程的天赋，得益于合理的安排和高效的执行能力，水塔消防局、拿破仑消防局和市政厅消防局所在地的建筑也得到了巨大改观。

我们在帕西（Passy）地区修建的大型蓄水设施可以改善城市供水系统。经过对巴黎水利设施的深入研究，我们有理由相信在不久的将来，通过人工干预，帕西自流井和索姆—苏德（Somme-Soude）引水渠对巴黎市的供水量可以实现翻倍增长。

全市各处的下水管道系统也在不断改进和完善，与此同时，数月之内我们在阿涅勒以及巴黎各主要地区都修建了下水集水管，它们将会在未来几个世纪里发挥强大的功能，并成为我们改造工程中最值得铭记的一笔。这些高效的管道系统确保了巴黎市的饮用水卫生。我们还做了详尽的研究以解决日后民宅的排水、排污问题。巴黎市每天都会产出大量废物，我们还研究将这些废物储存起来用于农业灌溉。

巴黎的煤气和照明系统由一个公司[1]统一管

---

[1] 此处指巴黎煤气公司（Compagnie parisienne de gaz）。——译者注

理。在完善公司管线系统、统筹公司旗下所有工厂之后，我们对城市的煤气和照明体系进行了系统的研究，旨在确保供气总量能够供应消费者的照明需求，并且不产生额外费用。

以上就是我对各位参与的主要改造工程进行的一个简短、片面的总结，除此之外，大家还要对施工中的各个细节反复推敲；施工过程会不可避免地影响到市民日常生活，比如道路建设、房产征用、买卖和置换等，政府因此还要求我们对众多的赔偿案例进行严格评估。以前的委员会例会我们只需总结普通的工程责任，然而这次除了基本任务以外我们还需要面对上述特殊情况，所以我在这里做不到一一详述大家的贡献。

凭借着坚定的信念，我们克服了财政困难，并且成功统筹了整个施工过程，整个工程的实施都规划在一个统一框架中，而且避免了不必要的消耗，这不得不说是一个奇迹。

我们的改造工程没有扰乱巴黎任何一个政府部

门的正常运转。我们还开辟了布洛涅森林和香榭丽
舍森林，这两片绿地不仅是富裕阶层休闲漫步的场
所，普通劳动者也乐于偶尔来这里庆祝佳节。新开
通的道路遍布巴黎全城，宏伟的道路网为这座城市
带来了始料未及的新气象，它们的建成不仅给巴黎
披上了一套艺术的外衣，最重要的是合理整顿了全
市的交通运输网。此外改造工程还延伸到各处，桥
梁、码头、大小街巷和文物古迹都是我们改造的对
象，这些工程都经过了严谨细致的研究，力求完美
和谐。这些改造工程都是经过反复推敲、深思熟虑
后的成果，我们的目标就是还原巴黎原始的美丽，
在突出城市中心的重要性的同时保持两翼地区平
衡，整治所有脏乱差区域特别是名胜古迹周边，让
全市都沐浴在阳光和清新的空气中，让全市都可以
享用到洁净水源，并且倾尽全力开发具有战略意义
的道路系统，让整个巴黎与无秩序绝缘。

　　如今，得益于前期制定的系统方案，所有的施
工都在有序进行中。每一位参与者都赞同您的方案

并对您给予他们的信任表示衷心感谢；虽然在不久之前，您还在全力为坚持自己的方案和信念据理力争，因为市政府的计划招致了诸多反对意见，各个政党也照本宣科地随声附和了很久。

然而值得庆幸的是，您以坚定的意志捍卫了自己的信念，在诸如补偿贸易机制和面包业银行这样的焦点问题上，击退了来自各方的责难，克服了利益争端和许多强烈的指责。事实证明，在丰收时期贸易补偿机制始终在悄悄运行中，通过小份额征收的方式稳定面包价格，以此应对未来饥荒时期的短缺，从而确保工薪阶层在困难时期也能以合理的价钱购买这项生活必需品。面包业银行也一直在运转中，在小麦丰收的季节，银行确保自己的面包商客户得以借机低价大量收购这个农业里最不可或缺的储备资源，提高小麦储存量。

如今多条大路业已开通，开凿计划得到了大家的一致首肯。当初为了保证施工进度，有人向您申请在事先一亿八千万预算的基础上再追加一亿三千万经费，不知您之前是否预想到市政府的财政赤字？难道没有人告诉您巴黎市在资金上已经捉襟见肘了？

然而国家最终通过并履行了条例，各项土木施工建设有条不紊地进行着。巴黎市的财源并未枯竭，反而有所增长。巴黎建设银行应运而生，客户带来的储备资源足以面对未来的诸多不测。

巴黎市的财政状况不但没有每况愈下，反而日趋好转；年收益稳步提升，税收盈余也大大增长。

1852 年这座城市的长期债款数额达到其年收入的 2 倍之多，然而如今这个数字已经锐减，为同年收入的 1.5 倍。尽管在过去的七年中投入了大量人力物力，但是我们仍然做到了未雨绸缪，不忘为将来养精蓄锐。事实上，早在很久以前，巴黎就做好准备迎接由市郊区县归并带来的一系列庞大支出；政界必将不惜一切代价在短时间内促成这项归并工程，巴黎市早就预料到了这一点；您事先审议证实，巴黎在未来有能力帮助新并入的地区融入巴黎行政体系，同时保持城市的活力并且不断更新，在扩展地界的同时为老城注入新的生机。

您曾经多次向皇帝陛下请命，巴黎省长位高权重，您希望能够得到更合理的职权分配，殿下最近允准了您的请求；从此由塞纳省政府统筹整个城市的行政事务。相信今后您的继任者们也会受益于这项政策，职权统一有利于开辟新经济源头，更加便于管理，可以更合理地分配预算并且保持收支平衡。[……]

第三章　巴黎市郊合并及其影响 [1]

　　巴黎行政区域的变更开辟了大片荒芜区域，使奥斯曼得以借机促进中心城市和周边区县的联系：这些远郊区县在保留区域完整的同时可以享受到与巴黎同等级别的硬件设施。

---

[1] 奥斯曼省长的这篇演讲稿现收藏于巴黎市行政图书馆，塞纳省，行政文件，巴黎，1859—1860，cote 21522。

巴黎市政委员会1859年11月14日
就职会议笔录节选

1859年11月14日，由皇帝陛下于本月1日谕旨任命的巴黎市政委员会成员在正午时分汇聚一堂，时任参议员、塞纳省省长的奥斯曼先生将成员们召集到市政厅会议室。

我们之前已经对省长先生做过了介绍，这次会议由他主持，他的发言如下：

先生们，［……］面对外界的非议，我第一次感受到了来自市政委员会的强大支持，我被迫离职会对目前以及未来造成严重后果。在皇帝陛下*统治期间，影响最为深远的历史事件就是我们巴黎的城市范围延伸至防御工事区域。［……］

尽管几代市政官员不懈努力，在我们眼前巴黎的地图上，这座城市仍然被老旧城墙封锁四周，这些围墙就像大树的年轮一样一圈圈标记着它的生命轨迹。目前城市周围被多条大道环绕，通过这些大道就可以计算出被环绕其中的城墙周长。如今这些屏障终于得以转移（这些大型防御工事应该可以作为边界或防御壁垒永久为城市服务），新并入巴黎的市郊得以保留它们早已为人熟知的原有名称，这些老名字可以让人们回想起业已废除的旧行政区域版图，如我们所料，将来如果有一天，在最初的惊喜淡去后，人们不再像当初那样感念郊区合并为巴黎带来的实惠，那么这时这些象征着传统的老名字就可以提醒民众我们的变革仍然延续着历史的足迹。

现有的城墙建于 18 年前，这些根据防御要点而兴建的城墙自然而然地成了巴黎的地界；18 年来，随着城市发展和不断增加的人口，城市规模亟待扩大。[……]

如今随着 1859 年 6 月 16 日法令的颁布，巴黎市扩建计划已经得到了程序上的认可。合并工作会在今年年底开始实行。

在实际操作中，1860年1月1日前，入市税仍然按照合并前的城市范围征收，这是一个非常正确的决定。根据法律第四项条例的规定，在此之前原有城墙和屏障不得拆除。这也决定了与巴黎市及其周边市郊相关的财政管理都要在12月31日前维持原样，也就是由当地行政部门各自直接管理。我们应该为此感到庆幸：趁着这个绝佳时机，我们可以将原市政府遗留的工作彻底收尾，并且为日后新市政府的运行开个好头。[……]

如今万事俱备，是时候该为我们辉煌充实的过去画上句号，迎接新的时代，未来随着工作领域的扩大我们更加需要集思广益。大家即将看到我们过去8年的最终工作成果：原有的入市税征税范围即将更改，城市硬件设施得到改善，居民生活水平大幅提高。由此大家可以感受到我们工作的重要性，并且深切体会到这其中的艰辛。我们还需要整合现有资源，将它们运用到承上启下的工作中。不过大家目前的首要任务是满足城市扩建后所面临的各种新需求，巴黎合并后土地面积翻了一倍，人口也增加了一半而且还会像涨潮一样不断增加。我们还应该坚定地履行一系列改良计划，在最短时间内果断执行紧急施工，只有这样我们才能让巴黎市郊的合并计划不至于沦为一纸空谈。与此同时，我们还需要提升巴黎的经济地位，让城市的财政实力与其规模相匹配。

自元月1日起，现存的障碍被降低，从此公众可以自由出入。1784年佃户行会出资在城关两旁修建了一些大型建筑，这些大型石质建筑造价不菲，被冠冕堂皇地称作"神殿柱廊"——不过它们也逃脱不了被拆除的命运：入市税城墙的遗骸将会交给施工人员收藏。至此，城外的大路和城内的环路终于合二为一，合并为一条公路，[1] 并且连接两侧刚刚竣工的街道。它们之间曾经不可逾越的障碍已经不复存在。

---

[1]　这条路如今是环城元帅大道（Boulevards des Maréchaux）的一部分。

我们将道路维持在合适的水准线内，并对道路进行了清理，在铺满碎石的道路两旁修建了宽敞的人行道，还进行了绿化。这条交通干线同时也是完美的散步场所，全长25公里，几乎每一个路段都宽达40米，在介于原来的蒙鲁城关和意大利城关之间的60多米的区域内，大道分成两条马路和三条平行街道。这条干线在不久的将来将会吸引大量人流，曾经延绵不尽的城墙再也不会阻碍他们了；精致的别墅将会如雨后春笋般林立于大道两边，不出几年的时间，也许奢侈品消费和各种商机也会接踵而至，为该地区带来活力。大家应该首先把这个计划提上日程。

新的入市税部门必须协调好新的防御路线，这一点至关重要。鉴于新的入市税部门将于元月1日开始投入运行，原市政委员会临时决定成立税务部和监管部，新部门的建设非常简单，与其直属的防御工事形成一体。城墙出口处装有护栏；军事街

（Rue Militaire）[1]的照明系统已调试完毕，准备工程也已就绪，整个工序从始至终都由工人大队严格监管。

这些工程将于12月底完工；不过入市税部门要想在新的城墙地界线上完全投入运行还有很多工作要做。[……]

整条军事街的街宽极不规则，平均大概只有12米宽。很可惜的是，这条街竣工的时候我们没能利用仅有的土地资源把它改造成与曾经巴黎市的大道相媲美的街道。更令人惋惜的是，军部本来可以下令禁止在这栋国家财产周边建立任何建筑物，但这次他们却认为可以允许在街边建房子，如今这些建筑给这条街的扩建带来了严重阻碍。

在街边建筑物接踵林立之前，趁着军事街周边的土地价格在市政工程*之后还没来得及飞涨的时候，借着道路施工还可行、还能进行各种整合以及

---

[1]　这条街如今被并入环城元帅大道。

照明作业的时候，我们这时至少应该评估一下是否应该把这条街列入"大道"范围，并且考虑一下把街宽扩展到 40 米是不是一个明智的决策。这条街是巴黎改造后的一条新环路，在扩建后的巴黎，所有通向城市边缘地区的道路都会在这条交通要道汇集，这条路线是连接远郊区县和障碍的纽带。那么照目前的情况，这条街是否有能力容纳未来不断涌入的人流？更不用说，它周围的道路总长达到 33 公里，和这些四周与其连接的大大小小的道路相比，这条街却更像是一条窄巷。

在新护城墙建成后，城墙外围也遇到了类似的问题，不过这次的问题更加棘手。目前城市外围由环城大道包围，用于省内其他镇县的贸易交流，巴黎郊区的货物会在这里装卸然后运往其他方向。那么如果去掉这片包围城市的缓冲区域，这个做法是否可行？穿过巴黎即使不交入市税，最起码也要支付护送费：只有兴建一条便捷的道路直通城墙脚下才有可能避免支付所有税费。然而，在城墙之外几乎找不到这样的道路。我们只能在远处找到几处和城墙平行的不连贯的路段；而且要想绕过巴黎，无论从哪一个路段走都要绕好大一段弯路，再加上道路状况复杂，绕道而行会耗费大量时间和财力。*

根据巴黎扩建工作的法律规定，在最初计划里，城市外围用于防御的250米区域应该并入巴黎版图。如果按原计划执行，我们应该可以在这片防御区域的边缘，也就是在巴黎自己的地域里，开通多条外部环城大道，日后等国家和城市主导的施工工程逐渐收工以后，就可以对这片区域进行绿化，把它改造成步行街。法国和国外的许多城市都是通过这个方法在城市外围开辟绿地的，宽敞的漫步场所也可以装点城市，美化环境，提高生活质量。如果巴黎可以被这样一片区域环绕，那政府就不用再在这些偏远地带大量兴修广场和花园了。

如果可能的话，每一个区的救济院都应该与其区长保持紧密联系，不过区长的职权不能越过慈善机构，公共救助事务的指挥权应该掌握在救济院手中。为了便于慈善事业在每个区域都能顺利运行，救济院还需要雇用一些虔诚、热心的护士来负责掌管救济物资。

总体来讲，在新并入巴黎的地区，救助中心的数量远远不够；局部地区甚至连一处救济场所都没有。然而工人阶级作为这些远郊区县最重要的人口组成部分，他们是最需要这些设施的人群。

现已运行的医疗体系对这些区县十分有利，巴黎的医院可以直接接收这些区县的病人。在这个体系下，扩建后的巴黎只需承担公共救济金增长所带来的费用，总额与目前实行的医保费用持平，除此之外不会带来任何额外开销。但即便如此，老人和残障人士还是需要许多额外关怀。入市税城墙和防御工事区域并入巴黎后，弱势群体的数量大幅增加，巴黎因此开放了许多收容所，面向上述两种弱势人群，新增了至少一万张床位。

巴黎教区的重组工作由德高望重但命运多舛的

斯布尔^[1]（Mgr Sibour）主教主持。重组后的教区急需兴建多座教堂，兴修工程由巴黎市负责。与此同时，大部分现存教堂也亟待加固、扩建和维护，还要实施许多附属工程，以满足教区不断增长的服务需求。于是我和巴黎大主教阁下经过协调，组建了一个多方委员会。该组织负责评估各个宗教建筑的施工紧迫程度以及其他各项指标。市财政向整个工程拨款 200 万，然而面对众多教堂亟待兴建^[2]的现状，这笔款项显得捉襟见肘，委员会的任务就是如何支配这笔款子。

先生们，如果要是在以前的巴黎，这些新加入的区县会是什么样子？如今三座教堂正在建设中，并且即将完工，它们分别位于拉夏贝尔（La Cha-pelle）、伊夫里（Ivry）和蒙马特（Montmartre）；在梅尼蒙当（Ménilmontant）、拉维耶特（La Vil-

---

[1]　巴黎大主教，于 1857 年 1 月 3 日遇刺身亡。

[2]　原文中"兴建"用词为"fabrique"，cf. Littré, t. II: "1. 建筑物修建；如今不再适用于教堂修建。"

lette）、莱斯泰尔内（Les Ternes）、帕西平原、欧
戴耶（Auteuil）、蒙鲁和普雷松斯（Plaisance）等
地区，一些兴建计划也差不多得到了批准，剩下的
工程草案，有的正在等待审批，有的已经初见雏
形。满足远郊区县人民的宗教情结，把如今大部分
地区的小礼拜堂改造成更恢宏、更神圣的礼拜圣
地，先生们，我相信你们和我一样坚信这是我们能
为市民们提供的最及时、最必要的实惠，让他们即
刻体会到加入巴黎这个大家庭所带来的便利。

　　我的市政府、教区领导和教区代表新近达成了
一项协议，即立刻在扩建后的整个巴黎统一规划殡
仪事宜，这项决定应该可以为新并入地区的教堂修
建工程带来额外的资金支持，并且为扩大教区服务
范围提供物质基础，同时还可以提升宗教信仰的神
圣性。

　　公共教育事业每年都会给市财政带来一笔额外
支出，但无论何时市政委员会都愿意尽最大努力负
担这笔费用。无须我赘述大家也会预料到，在新的

行政体系下，远郊区县所承担的教育义务比重会大幅增加。先生们，我们不难预见，市郊地区不仅会向我们提出申请增加小学和收容所数量，而且还势必会要求提高自己教育机构的质量，让它们成为和杜尔哥中学（École Turgot）、夏普达尔中学（Collège Chaptal）和罗兰中学（Collège Rollin）齐名的院校。我们满足了这些勤劳人民的精神和宗教诉求，我相信，在这之后各位一定也会乐于尽快满足他们对知识的渴望。

在解决了这些最重要的基本需求后，是时候将公共安全和威慑不法分子的问题提上日程。巴黎市中心和新城区都应该配备巡逻警和民警，并且应该建立应对灾害的应急救助机制。

经过我和警察局局长先生以及上层领导的协商，原市政委员会紧急投票通过了法案，批准在新并入巴黎的区县部署警力，巴黎老城仍然是监管对象，此举并不会损害老城的利益。此外，警长、维和人员与监察警官等一干人等也会为新并入的区县提供服务。城管 [1] 队伍也将扩大约 800 人，这支训练有素的队伍如今得到了公众的一致认可。市警察局工作人员总数将达到 4590 人，包括所有级别的公务员和官员。

原市政委员会还紧急通过了另一项基本工作法案，这同时也是皇帝陛下的旨意：巴黎保安局将会新增 416 名步兵和 52 名骑兵，至此该部门总计人数升至 2892 人，并有马匹 663 匹。新成立的后备警卫力量将会临时驻扎在一个营房里，这座建筑由国家转让给巴黎市，位于离摩尔兰码头（Quai de Morland）不远的苏利街（Rue de Sully），是原兵工厂所在地。不过如今的驻营机制不甚完善，这个巴黎市的迷你部队旨在维护公共秩序，我们有必要为它建立一套更合理的驻营条例：可以让一部分部队驻扎在巴黎司法宫附近，听从警察局局长先生的

---

[1]　Littré, t. IV: "1. 服务人员 [源自拉丁语 servus, servire] . [……] 6. 城管：警局人员 [……] 负责维护城市治安。" 直至第二次世界大战前夕，指挥巴黎交通的警员一直沿用这个称呼。

调遣；另一部分驻扎在城市北部；目前驻扎在城市南部的部队数量不足，应该在原有基础上增加驻军。

最后要讲到的是消防系统，目前的消防力量由 7 个消防连组成，总计 875 人。原市政委员会经考虑后决定，驳回开设第三笔特殊款项的申请，同意将现有消防力量扩大到 10 个消防连，1298 名消防官兵，并且从现在开始将作业范围扩展到所有远郊区域。远郊地区的消防事务目前由国家保安部负责，当然他们的工作热情和消防部一样高涨，工作时也做到了大无畏，但是和消防部门相比，保安部资源有限，所受的训练也不如前者专业，组织能力也不强。目前巴黎现有的 6 支消防队中，其中 4 支将会予以保留：它们分别位于白街（Rue Blanche）、水塔街（Rue du Château-d'Eau）、圣凯瑟琳文化街（Rue Culture-Sainte-Catherine）和老鸽棚街（Rue du Vieux-Colombier）；位于和平街（Rue de la Paix）和普瓦西街（Rue de Poissy）

的消防队将被解散，因为这两条街分别毗邻白街和圣凯瑟琳文化街。我们还将新成立 6 支消防队，它们将会分别驻扎在贝尔西（Bercy）、梅尼蒙当、拉维耶特、帕西、格勒纳勒（Grenelle）和让蒂伊（Gentilly）；所有消防连都配有大约 100 名消防员。[……]

先生们，上述这些高效运转的机构将由巴黎警察局局长统领。可以说，以上这些团体总体上来讲既可以被归为军队范畴，同时又是执行任务时的法律准则。他们是犯罪分子的克星、善良市民的保护神。以前士兵们勤恳地维护公共治安却饱受误解，现在得益于公众认知水平的提高，这些有失公允的偏见已经一去不复返，反之，大部分民众都对他们的工作给予了充分肯定和尊重。宪兵、巴黎近卫兵和城管人员，他们经常身处险境，然而在困难面前，他们所有人都既耐心又神勇，在执行任务时既坚定又和蔼可亲，即使是最无知的民众也会对他们肃然起敬，为他们鼓掌。

于法国共和八年 [1] 重组的巴黎警察局如今远远没有得到它成立之初所获得的职权。为数不多的警员和几位维和官员差不多就是它公开的全部组成人员；剩下的人负责夜间工作，也就是我们常说的"灰色巡逻队"，这些人员只有在极紧急的情况下才会出动。警察局手下没有任何其他力量以应对临时调度。而且，法国共和八年雨月 28 日 [2] 法案通过后不久，大家一致认为有必要将几项比较重要的职权移交给警察局。这些职权原本属于市政府，由塞纳省省长统筹。职权的转让有可能会有损市政府的权威，但是把它们移交给警察局后，警察局可将其作为具有保护性质的外部措施。在最黑暗的岁月过去之后，警察局似乎对接手这些任务心存顾虑。[3]但是在此之后警察局就崛起了，因为它的话语权越

[1]　系法国共和历第八年，由公元 1799 年 9 月 23 日至 1800 年 9 月 22日。——译者注

[2]　即 1800 年 2 月 17 日。——译者注

[3]　1859 年 10 月 10 日颁布的法令将小道路网、照明系统以及使用税等职权重新交予塞纳省省长，这些职权在此之前属于警察局局长统筹范畴。

来越有分量，执行任务时也勤勤恳恳。城管队伍成立后，警察局为他们定制了醒目的工作服，他们穿着统一制服执行任务不仅可以吸引公众注意力，也有助于民众理解他们工作的重要性。于是就这样一点一点地，警察部队逐渐建立起一套自己的体系。如今他们的实力有目共睹。警察分为民事和军事两种，势力遍布全城。他们以皇帝的名义保卫所有人的安全，保障国家稳定和民众个人安危，百姓再也不会低估他们的重要性了。虽然警察执法时一切都暴露在光天化日之下，但他们却能巧妙地维护民众的隐私。[……]

　　先生们，为了让巴黎大小道路的服务管理体系延伸到远郊地区，我觉得我有必要向各位一一阐述我们的具体措施。这些措施旨在让远郊区县在以下方面享有和巴黎同等待遇，例如煤气和水资源分配、城市环卫和灌溉体系，还有公共道路的修建和维护、城市下水管线的管理以及其他方面等等。*

　　今年3月，我先后在两份诉状中向市政委员会和省级委员会陈述了与巴黎扩建有关的法律草案条例。我借机表示了自己的期望，希望经过深思熟虑之后，我们可以最终达到收支平衡。如今，我曾经进行粗略评价的参照样本已经不复存在，因为有人打着为远郊区县的经济和工业利益着想的旗号，对草案的异议一浪高过一浪，国家高层不堪压力，在慎重考虑后对法律草案进行了一些修正。草案决定通过一些特定行业机构的豁免权，以刺激消费的名义免除它们所有税收。至此，这些确保税收的铁定条例被削弱甚至完全废除。我还担心入市税的实际收入和预算相比可能会相对降低。另一方面，根据草案最初的规定，捐税豁免权应该在五年期满之后废除；然而修改后的草案将这项豁免权延期，所有库房可以享受十年豁免权，工厂享有七年豁免权。市财政将会被迫做出与之等额的牺牲。

由于政府实际收入低于预算，相应的所得税收并不能覆盖这些新的日常支出。然而市财政不仅仅要承担这一笔新支出。市财政压力巨大，除此以外还要支付前期投资费用，我刚才对此已经做了简短介绍：在现有城墙中修建两条公路以取代目前唯一的一条大道；为了将一部分防御工事纳入到入市税征收范围，需要重新修建板房安置工作人员；修建市政府和太平绅士[1]办公楼、救济院和其他慈善机构以及教堂和寺院的建筑费用；修筑各级教育机构的费用；修建兵营，以及为保安局、消防连和警察局工作人员修建办公场所；最后，还有市政府不断增加的服务职能所带来的额外支出，开设新的公共交通道路，修建地下管道、运水管线和照明系统等一系列的支出。巴黎市会根据实用性和自身实力一一斟酌这些开销。

面对新时局带来的财政开销，我们只能凭经验估算经济后果。不过从今天开始，我们可以寻找新的经济来源，以求更快更好地完成与巴黎扩建相关

---

[1] 太平绅士（Justice de paix，也译作治安法官）是一种源于英国，由政府委任民间人士担任维持社区安宁、防止非法刑罚及处理一些较简单的法律程序的职衔。——译者注

的基础建设；另一方面，如果市财政常规收入有所增长的话，不管它是临时还是持久增长，我们都可以在至少未来十年内，利用这笔费用来弥补法律约束入市税扩张而带来的损失。[……]

先生们，为了一些个体机构的自身利益，您们当中的许多人曾经为这些机构积极争取过各种管理和延期特权，但是对于巴黎市来说，这意味着整个城市要做出更大的牺牲，甚至有可能会陷入财政窘境。这些找借口的人里面有许多曾经是市政委员会成员。皇帝陛下任命他们是因为这些人的虔诚和高尚，所以我坚信，他们一定会支持政府渡过财政难关，而且他们会比其他任何人都更能理解政府的苦衷。此外，无论发生什么，整个委员会都会尽其所能，利用自己的经验和才学确保市财政的稳定，让巴黎市的财政状况能够保持如今这种平稳和收放自如的态势，让民众安心，继续让巴黎借贷银行保持信贷行业领头兵的地位。

所有委员都要凭着自己坚定的意志度过这个既

艰苦又艰巨的任期，除此之外我们别无他求。

目前巴黎市政委员会共有 60 位成员。根据 6
月 16 日通过的法案，扩建后的每个地区都会有自
己的代表委员，而且和以前相比，市政府会有更多
得力的合作者。

法律条案规定，每个区至少选举两名市政委员
会成员，这就确保了人口稀少的地区也能有自己的
代表委员。这项条例充分表明，在新巴黎的 20 个
区内分配 60 个议会席位的准则是基于各区的人口
数量而定的。

按照法律公文的思路，鉴于其中 10 个区的人
口数量是另 10 个区的 2 倍，我们要尽可能地按此
标准调试各区的代表数目，把每个区的代表人数控
制在 2 到 4 人之间。此外，我们将常住人口数量作
为首要标准。不得不承认的是，与市政官员的职位
设置相比，最饱受诟病的其实是他们的工作效率和
擅离职守。

我们要遵守的准则不仅限于以上这几条。巴

黎是一个大城市，是商业和工业中心，它的生产和消费能力都令人惊叹，贸易交流也源源不断。事实上，巴黎之所以能坐拥这些优势，最根本的原因就是因为它是一个伟大帝国的首都*，法国所有高层都驻扎在这里，它是世界文学、科学和艺术的中心。所以这座城市不可能只交由市级政府管理。与它有关的所有事务，国家都会以直接或间接的方式进行干预，也必须干预；因为国家的介入有助于促进巴黎的繁荣：巴黎的许多宫殿和文物都是以国家名义修建的，许多基金会和博物馆也由国家运转，一些公共项目和机构的支出也是由国家负担的，比如巴黎保安局、当地的警察局、道路养护，最重要的是，一旦公共税收不足以支付某些市政款项，这时国家就会出资进行补贴。坐在市政厅里办公的是皇帝陛下的省长，这个省长的行政职能等同于其他地区的区长；巴黎市政委员会是由皇帝陛下亲自任命的，然而在帝国的其他城市这个机构都是通过选举产生的。为了保证巴黎的行政团体不辱使命，每一位委员都代表着所在地方的利益，这些代表应该来自巴黎社会的各个阶层，而且应该顾及每一个政治级别、每一个司法和行政等级。

［……］

大家的首要任务是成立各自的部门，每个部门选出一名秘书和两名副秘书。此外我建议应该从您们当中选出一个人，大家随后可以给这个职位加个头衔，这个人将要负责把所在议会的职权一一明细，比如申请例会配有安保力量是委员长的特权，他的秘书也享有其他特殊职权，委员会扩员后不能再像以前一样把这些职权混为一谈；此外这个人还要尽其所能维护会议秩序、保证委员会成员和平相处，还要在必要时刻与我的政府部门进行直接接触。

市政委员会可以将任务分配给旗下各个委员会，各会接到的事务一律由上级统一分配，这样大家可以提前细致、明了地了解工作任务，如果有需要的话，还可以额外搜集资料，研习过后再一起转交给市政委员会，拿到例会上探讨。此外，对于需要长期研究和分阶段处理的特殊事务，特派委员会和常任委员会将其作为己任，在某些情况下如遇特殊任务，委员会还要参与行政预审工作。负责预审工作的委员会成员由省长指定。[……]

不过，原市政委员会并不是一个孤立存在的组织；这是一个崇尚真理和美德、充满生机的工作组，新成员将会享受同等待遇和工作氛围。两个月后，现今的巴黎市和远郊区县就会合二为一；从现在开始，只有一个市政委员会。

以前，各个地区、行政区和左岸右岸之间存在诸多争执，在议会体制下，这些恼人的争端经常影响巴黎市政府的决策，而且严重阻碍了市政委员会的运行，甚至导致了委员会内部分裂。自拿破仑三世登基后，这些可悲的竞争一去不复返。相信这些不和在新、老巴黎人之间也不会重蹈覆辙。我们会毫不犹豫地细心倾听来自地方民众的意愿和诉求；不过，为了延续原市政委员会的优良传统，决议一旦下达，每一位成员都要保持严肃认真的态度，秉承崇高的理想，顾全大局，这也是我们在投票时应该谨记的信条。

巴黎市政委员会委员并不仅仅是镇政府和人民之间的传话筒；在民众面前，他同时也是市政府的代言人。在法国，有理有据的正当行为永远都会得到认同；因为归根结底，我们的民众都充满正义感和公正理念。在座各位将有机会对您们未来的工作进行全面评估。我会永远珍视大家的意见和想法。

［……］

第四章　历史学

　　奥斯曼对巴黎地区的历史了如指掌，而且他把历史当作一门严肃的人文科学，他的见解给许多专业领土整治工作者都上了一课。直到如今大部分建筑学院和城市规划学院都还没能将这些理念完全消化。

1. 历史学中的人类学属性 [1]

在我们这个时代，历史研究取得了巨大突破。这是本世纪最值得骄傲的功绩之一。

编年史和年鉴作家笔下的历史事件已经不足以满足当代评论界的胃口了；在现代科学的推动下，人们对新鲜事物的求知欲越发强烈，每天都在刨根问底。现代科学不满足于仅仅明确事件的时间、地点，或是简单地将历史秘闻昭之于众，它更注重自由发挥，探寻事件背后的前因后果；现代科学从最本质出发研究人类和城市的起源，从而得以向我们揭示完全出乎意料的研究成果。许多学者走上了这条研究道路；得益于他们坚持不懈的探索，动物生态学、考古学和语言学，这些曾经与历史完全扯不

[1] In Haussmann, *Histoire générale de Paris*, collection de documents, Paris, Imprimerie impériale, 1866, p.222, pour l'introduction du Prefet Haussmann, pp.7—12.

上关系的学科都加入了历史学这个大家庭。[1] 如今在此新形势下，人们开始用新的眼光重新审视古代和中世纪；曾经人们对历史的了解极其片面，经过坚持不懈的努力，如今我们的视野每一天都变得更加开阔。皇帝陛下深谙其意。研究历史曾经是陛下的业余消遣和精神慰藉。*

一位君主坚持不懈地从历史中探寻今朝，在过往中寻求未来的发展，这份执着就是现代主义潮流最直接的表达方式。*

在我的市政府管理下，巴黎必须要敞开胸怀吸收一切现代文明。我这样做有一个特殊原因，我也谨请皇帝陛下予以重视，这项指责之所以不容推卸，是因为这关乎巴黎市的切身利益和命运走向：这座城市的历史仍然等待着我们来书写。

我认为没必要再一次为巴黎开设主题研究，也

---

[1]　In Haussmann, *Histoire générale de Paris*, collection de documents, Paris, Imprimerie impériale, 1866, p.14.

不需要重新撰写一部以这座城市为主题的长篇大
论，这样毫无意义的工作以前做得太多了，如今还
在做。法国首都的历史是一个太过宽泛的主题，涵
盖了太多方面，以至于我们不可能研究得尽善尽
美。事实上，除去政治和宗教事宜，在巴黎市的演
变进程中，其地理条件、行政管理、历史遗迹以及
各组织机构等各个方面内部都可以分成诸多独立存
在的复杂分支，将它们一网打尽势必会坠入五里雾
之中。

　　过去的两个世纪的确给我们留下了很多著作，
它们对巴黎城邦的古迹、城市变迁以及城市传统和
风俗都进行了专业研究；但是这些研究大部分不能
再满足当代学者的需求，学术界每年都要对这些学
术成果进行翻新和补充。所以与巴黎有关的参考书
目越来越多，但是多数没什么实际价值；出版物
为了做到无懈可击把大量时间精力花在印刷和配图
上，然而真正对"巴黎"这个母题研究到位的书却
寥寥无几。

陛下，这些年我得出了一个结论，我坚信，书写巴黎的历史不能一直由这些零零散散的个人负责，巴黎必须重新将主动权掌握在自己手中，只有这样，这座城市才能铸造真正属于它自己的历史轨迹。大体来讲，为了能让巴黎的历史足迹不断丰富并且源远流长，应该将与巴黎史有关的材料归纳为"巴黎历史专题丛书"和"原始文献"两部分。在这个体系下，每一本出版物都要做到精益求精，相信在不久后整套合集将会成为一件极具里程碑性质的出版事件。

在将我的草案呈上陛下之前，我希望能够确认一下自己方案的可行性。按照计划，自 1860 年起，我向市政委员会提出了各种各样的建议，以加强科研工作，并且规划出版工作，与老巴黎行政、地形有关的历史出版物都应该纳入统筹管理。我得到了委员会的鼎力相助，不管是这项工程，还是其他事关陛下威严和巴黎市荣耀的事业，委员会都给予支持。在过去五年中，与巴黎历史有关的研究工作一直都在有条不紊地进行中，委员会特派小组负责监管工作进度。特派小组成员来自市政委员会，他们非常愿意与学者合作，这些知识分子都是业界的标杆。如今这项工作已经完工，我觉得我为书写巴黎简史而制定的方案已经可以提上日程了。

这项具有里程碑意义的工程事关巴黎市的荣耀，在动工伊始，趁着第一卷丛书还未问世，我认为有必要向陛下阐述一下我制定这项出版方案的动机。*

参议员、塞纳省省长

G. E. 奥斯曼

2. 具体实例：卢浮宫的历史 [1]

众所周知，美丽的巴黎，这座让我们引以为豪

---

[1] Cf. *Mémoires*, op.cit., p.813 sq.

的城市，原则上讲，它以前只是塞纳河流域众多岛屿之一，一个渔民和船夫们的停靠站。

不需要我多说大家也知道，这座城邦古时被称作"卢泰西亚"（Lutèce），这个词源自拉丁语，有一个不太好的寓意——"泥城"——这就是巴黎的前身。

腓力四世（Philippe le Bel）在他的皇宫内曾经修建过一座"忒弥斯[1]神殿"，如今坐落在此处的巴黎司法宫就起源于此。之所以称其为司法"宫"是因为这里以前就是皇宫所在地，几经时代变迁，这里最终成为议会、各级法庭和法院的专属地，与其相关的民间组织也坐落于此。

为了能更好地理解接下来的历史走向，我在这里有必要详细叙述一下昔日的王宫是如何先后被卢浮宫和杜伊勒里宫取代的。直到路易十四把宫廷迁至凡尔赛宫之前，卢浮宫和杜伊勒里宫一直是法国

---

[1]　忒弥斯（Thémis），是古希腊神话中法律和正义的象征。——译者注

统治者的官邸。

卢浮宫和杜伊勒里宫

在罗马人统治时期，罗马帝国的统治者来高卢时都会下榻在城外塞纳河左岸的温泉宫。罗马皇帝尤利安为此还特别撰写了他在巴黎的回忆录，文献几代相传，如今成为了巴黎历史的重要参考资料。

在厄德[1]之前，第一和第二世法兰西国王都没能在这座城邦留下些许属于他们自己的烙印。厄德于公元888年加强对"皇宫"的防御，成功击退了诺曼人的侵略。

于格·卡佩之子罗贝尔[2]于公元996年对巴黎进行扩建。

---

[1] 厄德（Eudes，860—898），西法兰克国王。——译者注

[2] 罗贝尔二世（Robert II le Pieux，972—1031），卡佩王朝第二位国王，于格·卡佩（Hugues Capet，941—996）之子。——译者注

12世纪，路易六世和他的孙子腓力二世[1]进一步完善了防御工事，兴修了三座塔楼，如今这三座建筑还依然在世。其中一座以腓力二世命名，现位于钟表码头街（Quai de l'Horloge）。

巴黎第一堵城墙就是在这位君主的授意下兴建的，这就是新城的前身。不过在此之前，他还在下游河边地区修筑了第一座塔楼以及卢浮宫的第一批建筑。

也许他修筑这些工事是为了加强对城墙边缘薄弱地区的防卫。不过也可以推测，腓力二世这样做是为了在城外给自己修筑一座远离城市烦嚣和纷扰的官邸，在他之后许多强势的法国国王都有过这方面的考虑。

虽然他的继任者们一直致力于扩建卢浮宫，并且将其打造成了一座真正的堡垒，但他们依然驻

---

[1] 路易六世（Louis le Gros，1081—1137），卡佩王朝国王；腓力·奥古斯都（Philippe-Auguste，1165—1223），卡佩王朝国王。——译者注

守在皇宫。圣路易[1]在此先后修建了圣礼拜堂（la Sainte-Chapelle）和城堡主楼（le Donjon），这座城楼在蒙哥马利先生被俘后又被称作蒙哥马利塔。除此以外，他还在此建立了大厅（la grande Salle）和夏尔特国库（Trésor des Chartes）。

腓力四世随后也在此兴修了一些重要工事，并且加强了城墙的防御。这些工程由他的财政总管，也就是不幸的安格兰·德·马里尼[2]主持。

腓力四世在古王宫召开了第一届三级会议。他还成立了议会，并将其设在巴黎。

自查理五世[3]起，皇家官邸从古皇宫迁至卢浮宫。因为查理五世在曾经的皇宫内目睹了让·德·贡弗兰（Jean de Conflans）和罗贝

---

[1] 路易九世（Louis IX，1214—1270），俗称圣路易，卡佩王朝国王。——译者注
[2] 安格兰·德·马里尼（Enguerrand de Marigny，1260—1315），腓力四世的内侍，于1315年被处以绞刑。——译者注
[3] 查理五世（Charles V，1337—1381），瓦卢瓦王朝第三位国王。——译者注

尔·克雷蒙（Robert Clermont）被乱党谋杀，凶手正是巴黎市市长艾蒂安·马塞（Etienne Marcel）的党羽。受此事件影响，他在其父约翰二世 [1] 被软禁期间，于1358年将皇宫迁至卢浮宫。查理五世自己则居住在圣保罗公馆。他接手这座宫殿后对其进行了扩建，在建筑周围修建了许多大花坛，最值得一提的是，他还在这里开垦了一些果园。1364年在他登基之时，查理五世将这片著名的果园移交给当地庄园主。不过查理五世仍然在旧皇宫的大厅里进行宴请、招待宾客。他为神圣罗马帝国皇帝查理四世举办的盛宴就是在皇宫的大理石桌大厅里举行的。

查理五世是一位充满智慧的明君。虽然他的继任者们，例如路易十一、查理七世、路易十二，都先后对古皇宫进行了各种修缮，但这些君主的官方宫邸始终都是卢浮宫。

---

[1] 约翰二世（Roi Jean，1319—1364），瓦卢瓦王朝第二位国王。——译者注

不过，自弗朗索瓦一世起，法国的国王们大部分时间都驻守在卢浮宫，其次在杜伊勒里宫。

在弗朗索瓦去世同年（1547），卢浮宫开始酝酿扩建工程。查理九世在位期间，伟大的建筑师皮埃尔·莱斯科（Pierre Lascot）继续主持扩建工程，使得卢浮宫脱颖而出。人们又称这位建筑师为"柯拉尼爵爷"（Seigneur Clagny），所谓的"时钟馆"及其两翼正是出自他手。时钟馆所在地以前叫作"哥特御座大厅"（Grande Salle Gothique du Trône），隶属于查理五世以及从查理六世至路易十二时期的历任国王。这座大厅坐落在腓力二世修筑的堡垒中。在艾蒂安·马赛之前，这座堡垒一直在大幅扩建中。巴黎市市长艾蒂安·马赛下令将腓力二世修筑的防御工事推倒一部分，把城墙围堵在卢浮宫下方，这样他就可以将国王围困在巴黎市内，从而保全了他叛乱分子的权势，继续胁迫国王。

在一期工程竣工后，皮埃尔·莱斯科在一座与卢浮宫码头垂直的建筑中修建了新的皇室住所；

他还在卢浮宫修建了"小长廊"（Petite Galerie），
长廊与塞纳河平行，装潢工作由让·古荣（Jean
Goujon）负责，采用了纯文艺复兴风格的装饰。
长廊以亨利二世命名，在西侧转弯，一直通向曾经
的莱迪吉耶尔馆（Pavillon de Lesdiguières）。

　　莱迪吉耶尔馆下方就是所谓的"木塔楼"（其
实它是石质的）。这座塔楼是巴黎围墙的尽头，一
些弹道武器置于其上。这一部分城墙被命名为"查
理五世城墙"。不过就像我刚才提到的，这部分
城墙由于艾蒂安·马赛的破坏，受到了一些损害。
人们还在这里修筑了通向圣奥雷诺街的"新门"
（Porte-Neuve），圣奥雷诺街和"查理五世城墙"
的长度相当。在"新门"竣工很多年后，查理九世
登基，其母亲凯瑟琳·德·美第奇开始了她幕后强
权的时代。[1]

---

[1]　"新门"建于 1537 年，查理九世于 1560 年 10 岁时登基，实权掌握在
　　其母美第奇手中。——译者注

在这里我需要补充一下，为了尽可能保留让·古荣创作初衷，拿破仑三世下令将"小长廊"墙面上的碎石替换掉，取而代之的是经过精心加工的石料。这些石料都是严格按照古代雕塑品复制而成的，与精心打磨过的模具样品完全相符。

当亨利二世下令沿卢浮宫码头修建小长廊的时候，他应该没有料想到有朝一日杜伊勒里宫和卢浮宫会连成一体，因为那时杜伊勒里宫还处于待建状态！

他死后多年，在皮埃尔·莱斯科——也就是我们常说的"柯拉尼爵爷"的建议下，亨利二世的遗孀凯瑟琳·德·美第奇任命里昂人菲利贝尔·德洛姆（Philibert Delorme）设计建筑图纸，并随后开始修建杜伊勒里宫。整个工程按照国王陛下——也就是美第奇的儿子的授意。施工地点位于先前在城外购得的土地，之后随着工程进展购地面积有所增加。

在菲利贝尔·德洛姆的最初构想中，杜伊勒里宫中厅和所谓的"美第奇馆"并不在其计划之内。也没有设计美轮美奂的中间长廊，如今这些高大的长廊在最初的计划中只占一个楼层，而且深度也只有成品的一半。长廊的西侧，也就是花园一侧，通向一片露天平台，平台周围点缀着美丽的花坛，这些花坛由拱廊支撑，在地面上形成了一片林荫小道，可用于散步。整体建筑效果无与伦比，不过我看到的是路易十八和查理十世时期的杜伊勒里宫，那时候宫殿还没有经过改建。

菲利贝尔·德洛姆去世的时候他伟大的工程还没有完全竣工，后续工程由他的继任者让·布兰（Jean Bullant）接手。可以肯定的是，虽然布兰从来没有计划将杜伊勒里宫并入卢浮宫，但是他曾认真考虑过把这两座不可调和的建筑融为一体。

此外，位于卡鲁索广场（Place du Carrousel）上的"查理五世城墙"与当时杜伊勒里宫的外围几乎处于同一位置，这给工程造成了很大障碍。不过当时人们肯定没有预料到这个难题今后会得到解决，因为城墙在 1634 年路易十三统治时期被拆除了。

当时的新卢浮宫是皮埃尔·莱斯科一手打造的。

需要强调的是，在菲利贝尔·德洛姆去世后多年里，除了美第奇馆以外，杜伊勒里宫的其他修建工程始终停滞不前。

直到亨利四世时期，雅克·安德鲁埃·迪塞尔索（Jacques Androuet Du Cerceau）修建了"花廊"（Pavillons de Flore）和"马尔赞廊"（Pavillons de Marsan），以此连接之前的两座主体建筑。

同样也是在亨利四世的授权下，迪塞尔索还修建了"大长廊"（Grande Galerie）。狡猾的亨利四世事先并没有阐明修建这样一所建筑的初衷，只是说造这个长廊"非常必要"。"大长廊"和"花廊"表面上呈活动角尺状，并脱离后者逆行而上通往莱迪吉耶尔馆，并以同样的方式和"亨利二世长廊"相连，从而绕过了"查理五世城墙"。

　　这似乎正合亨利四世之意。连接这两座建筑并不是为了美观。亨利四世骁勇善战，不过他也非常狡猾，因此他认为非常有必要为自己开辟一条穿越巴黎防卫城墙的专属密道，这样他就可以悄无声息地出城了。

　　查理九世在位时，皇太后凯瑟琳·美第奇下令在如今的协和广场处，也就是杜伊勒里花园尽头兴修了一堵新的城墙，并冠名为"查理九世城墙"。就像香榭丽舍大街一样，这片地带当时布满了田地和沼泽，不过美第奇这样做只是为了确保她的寝宫远离外部袭击。

　　这片城墙与塞纳河垂直，与我们的"皇家路"（Rue Royale）走向一致。城墙的终点位于卢浮宫码头的"会议门"[1]（Porte de la Conférence），这座城门对亨利四世而言就意味着自由。城墙另一头

---

[1] 建于 1609 年前，于 1730 年被拆毁。亨利四世的代表和天主教联盟曾于 1593 年在此谈判，故得此名。——译者注

的终点位于圣奥雷诺街。这条街上的第一扇城门，同时也是"腓力二世城墙"的城门，与卢浮宫路齐平；第二座城门，也就是"查理五世城墙"的城门，与"城墙路"（Rue du Rempart）齐平，不过这条路在我任职期间被拆毁了；第三扇门位于国家元首所在的香榭丽舍宫，这算是一个当地传统吧，城门对面就是贵族们的上流社区。

由于"查理九世城墙"的存在，"查理五世城墙"于1634年被拆除。历史轮流转，早在1358年，正是由于修建了"查理五世城墙"，时任巴黎市市长的马赛才得以拆除一部分与之相邻的"腓力二世城墙"。

在红衣主教黎塞留的授意下，建筑师勒梅西耶（Jacques Le Mercier）重启皮埃尔·莱斯科未竟的工程。施工地点在卢浮宫北面，不过可惜的是，勒梅西耶对施工计划进行了诸多修改，和曾经"柯拉尼爵爷"修建的卢浮宫西侧相比，新修建的这一侧卢浮宫让人感觉逊色不少。

路易十四在位期间，卢浮宫南侧的修建工作由建筑师勒沃（Le Vau）负责。

1664 年，路易十四花重金聘请了意大利的贝尼尼（Cavalier Bernini）执掌卢浮宫修建工程。此时这位拥有骑士头衔的建筑家年事已高，已经显出了疲态，路易十四最终并没有采纳他的修建方案。

1667 年，路易十四最终将修缮这座四边形建筑的重任交到了克洛德·佩罗手中。佩罗是一位职业医生，搞建筑只是他的爱好。佩罗的工程从卢浮宫东侧开始，正对着庭院，与皮埃尔·莱斯科的工程遥相呼应。工程外围矗立着著名的卢浮宫柱廊。但是佩罗的工程也由于他的过世而被迫中断。

路易十五和路易十六在位期间，这位医生建筑师的继任者们没能对卢浮宫做出任何卓有成效的改观，甚至索弗洛 [1]（Soufflot）也无能为力。建筑中的许多部分既没有完工也没有形成规模，四处零落

---

[1]　索弗洛（1713—1780），法国建筑师。——译者注

着荒废的脚手架，景象让人看着感到黯然神伤。数任国王在位时都没能为卢浮宫的修建画上句号，正是在这样的情形下拿破仑皇帝接过了这项任务，任命建筑师皮谢尔（Percier）和封丹（Fontaine）继续修建任务。

此外，拿破仑一世还在 1805 年下令修建了"艺术桥"（Pont des Arts）。这座桥连接了卢浮宫和法兰西学会，也就是我们常说的"四区学院"。

拿破仑在任时，卢浮宫和杜伊勒里宫的连接工程也如火如荼地开工了，不过由于时间所迫，拿破仑皇帝没能完成这项连接工程。

在里沃利街第一路段竣工之时，同时也是德洛姆道（Passage Delorme）一段的圣弗洛伦萨街（Rue Saint-Florentin）开放的时候，建筑师们在"马尔赞廊"和杜伊勒里宫院外的护栏之间修建了一段大长廊。随后，他们在博物馆路（Rue du Musée）开始着手卢浮宫一翼的延伸工程，与业已完工的原皇室住所工程相对应，目的是在波伏瓦公馆

（Hôtel de Beauvoir）的原址上重建一个皇室住所。1814 年发生的一系列重大事件导致里沃利街没能完工，卢浮宫广场的德洛姆道也没能按时竣工，因此作为补充建筑的画廊在旁边建了起来。

卡鲁索广场

在整个波旁王朝复辟和七月王朝时期，这些工程都停滞不前。当我受命负责清理卡鲁索广场的时候，这片衰败景象才映入我的眼帘。我当时还负责清理介于卡鲁索广场和卢浮宫西侧之间的区域，这片地带建筑物林立，直至路易十六退位前，这里还坐落着老"帕芝公馆"（Hôtel de Pages）、原皇家马厩、老驯马场（也就是国民公会所在地）。这些建筑毫无特色，淹没在一片凌乱的破房子里。这片棚户区前方矗立着"南特公馆"（Hôtel de Nantes），这座著名建筑像一个细长的酒瓶一样横在卡鲁索广场上，非常碍眼。居住在杜伊勒里宫的路易－菲利普国王似乎看它特别不顺眼，于是下令将其拆除。

　　对于当时在巴黎事业刚刚起步的我来说，能负责清理这片区域真是一大快事。与此同时我还清理了"城墙路"，这条路段和法国剧院前方形成一条对角线，1830 年 7 月 29 日我就曾经在这里迷迷糊糊地走丢了，我在自己的回忆录第一册第二章中提到过这段经历。

　　我小时候就觉得，杜伊勒里宫庭院前的卡鲁索广场实在是破乱不堪，这简直就是法国的耻辱，是政府无能的表现，我觉得政府应该对此负责。

　　直到拿破仑三世统治时期，杜伊勒里宫呈直角后折的一翼才得以延伸至卢浮宫。杜伊勒里宫的这一翼位于"马尔赞廊"东面，与里沃利街的早期建筑相平行。此翼的施工在拿破仑一世时期开工，由建筑师皮谢尔先生和封丹先生负责，工程延伸至卡鲁索广场第一出口处，这片区域在经过我的清理之后已经畅通无阻了。

　　杜班先生（Duban）和维斯康蒂先生（Visconti）的继任者、御用建筑师勒埃菲尔（Lefuel）对前任的施工方案进行了多方修改，修建了内阁办公楼和皇家后勤部（Maison de l'Empereur），如今这片区域被财政部占用。这片建筑位于里沃利街入口处，挨着卢浮宫港口，与卢浮宫码头一侧的建筑相连，藏在修缮后的"亨利二世长廊"后面。

　　拿破仑三世广场摆着很多零散的花坛，广场中央矗立着皇帝陛下的雕塑，之后部分被替换成了甘必大[1]的雕像。

　　我之前列举了许多著名建筑师的名字，当然，我不能断定在法兰西帝国成立前，他们之中没有一位想到过将杜伊勒里宫和巴黎市一侧的卢浮宫连接起来。亨利四世时期，塞纳河一侧的卢浮宫已经和杜伊勒里宫相连。恰恰相反，这些建筑师中大多数

---

[1]　莱昂·甘必大（Léon Gambetta，1838—1882），法国共和派政治家。——译者注

人曾经有过这个想法；然而这样做的前提是必须拆除一大片街区，这里的建筑物包括皇家马厩、大驯马场，还有原"十五二十救济院"（l'Hospice des Quinze-Vingts），面对如此庞大的工程，这些建筑师们只得作罢。

为了掩盖两座宫殿互不协调的现实，克洛德·佩罗曾经做了大量深入研究，他计划建一座建筑横向贯穿在杜伊勒里宫和卢浮宫之间。1810 年，在皮谢尔和封丹的主持下，这个想法再次被提上日程，这两位建筑师提议将帝国图书馆迁到这座建筑中。然而，拿破仑一世虽然同意清理卡鲁索广场，但他却驳回了两位建筑师的这项提议，按照皇帝的说法，"只有小鸟才会觉得这一大片区域不整洁"。

连接两座宫殿的工程难度极高并且花费巨大。我在这里需要强调的是，这项艰巨的工程是在拿破仑一世时期才得以全面开工的。这位伟大的君主决心将工程进行到底，在拿破仑三世任期内，这个梦想终于实现了。

下面要说说杜伊勒里宫。路易十四时期，国王任命建筑师勒沃负责对宫内多处进行重建。工程的初衷是为了开辟新的房间，结果却连累了许多前任建筑师的作品，让建筑显得臃肿繁复，别是菲利贝尔·德洛姆修建的中厅深受其害。

路易-菲利普一世时期杜伊勒里宫也一直在忙于扩建：扩大与"元帅厅"相连的"会客长廊"，国王亲家的房间数量也需要增加。这项扩建工作造成了非常严重的后果：连接中厅和美第奇馆的护墙厚度增加了一倍，二层花园一侧那些漂亮的平台也被拆除了。

这项工程把这一侧的杜伊勒里宫改得面目全非。我以前特别欣赏路易十八和查理十世时期的杜伊勒里宫，那时候整个建筑的正面在菲利贝尔·德洛姆的精心雕琢下极具立体感，然而如今这些都被上述大规模施工毁掉了。

而且1879年我曾在下议院为共和国政府提出的改造方案据理力争。方案提出，将1870年烧毁的杜伊勒里宫完全拆除，在"花廊"和"马尔赞廊"之间修建新的花园，借此重建卢浮宫一端在杜伊勒里宫大火之后得以幸存的七零八落的长廊。我提议将杜伊勒里宫的主体建筑残骸完全拆除，这些雅克·安德鲁埃·迪塞尔索的作品如今只剩下残余，拆除并不可惜。之后将"花廊"、"马尔赞廊"和所谓的"美第奇馆"连成一体。这样就不必拆除菲利贝尔·德洛姆修建的剩余工程了，我们可以按照这位伟大艺术家的设想对其作品进行修缮，然后把现代艺术博物馆迁到这里来，把这座美术馆安置在卢森堡宫实在不妥。

菲利贝尔·德洛姆的建筑风格相对紧凑，不过在我们这个年代，这并不影响国王在此下榻。我多次强调了这个想法，左派对我的考虑表示震惊；但是我认为在这个问题上没必要解释我为什么不赞同他们的异议。

1871 年爆发的起义推倒了法兰西帝国，事实上，从这之后，我就深刻体会到了我们历任国王的顾虑，即便是最强势的君主也会对巴黎市民易受鼓动且好斗的本性心有余悸：自腓力二世以来，历任君主都会在其下榻的卢浮宫修建防御工事，这些防御措施位于包围城市的城墙之外，直到路易十四将其政府的官邸迁至凡尔赛宫。

查理五世当初早就料到了艾蒂安·马赛的真实意图：后者将"腓力二世城墙"延伸至卢浮宫之外，这样就正好能将国王困住。还有，当时凯瑟琳·德·美第奇计划修建一座新宫殿，也就是杜伊勒里宫，宫殿的选址位于"查理五世城墙"之外，她这个选择一定有其深意。

最后，亨利四世亲自向我们解释了为什么他急于将"亨利二世长廊"延长至"花廊"，穿越"查理五世城墙"。

如果在巴黎的帝国政府像路易十四的政府一样驻扎在凡尔赛宫，那它是不是就不会在1870年被突如其来的政变推翻了？如果当时摄政的王后能在乱局中维持权威，而不是被迫仓皇而逃，因为她这样做就等于放弃对巴黎叛乱的一切抵抗，那么，即使发生了色当战役（或者也可以在敌人来袭的时候将凡尔赛的政府迁至图尔，甚至是波尔多），最后和造反派代表儒勒·法夫尔（Jules Favre）先生签订的休战协议的条件也会比现在要好很多吧？

　　不管别人怎么想，自从经历了1870年的悲剧后，我觉得，一位统治者要想保持独立，如果他不能像鼎盛时期的路易十四那样把自己的政府常驻地设在凡尔赛宫，那至少也应该在所在城市里设一处万事俱备的住所，并且为自己的政府和主要国家机构提前找一个安脚的地方，以便在巴黎暴动、自身安全受到威胁的情况下能够在短时间内迁至安全地带。

　　当然这些都只是单纯从技术角度的考虑，我在1879年下议院发表的言论不能凌驾在大多数人的意愿之上，这其中大部分人认为应该完全拆除杜伊勒里宫的遗骸，这座建筑被当成了"暴政专制"的象征。我的论点都是徒劳：拆除工程会在"花廊"

和"马尔赞廊"之间留下一片巨大的空地，我们完全没办法连接两座长廊；卡鲁索凯旋门的体积和高度远远不够，这座建筑显得太窄小了，而且离空地距离太远，根本不配作杜伊勒里花园的前景，这座花园可是勒诺特（Le Nôtre）的杰作，也没资格矗立在香榭丽舍大道和星形广场之前，特别是在大凯旋门坐拥全景的情况下，就显得更不合适；这座卡鲁索凯旋门就这样淹没在这片宽阔地带中，在我们的视线里都不知道该把它和谁联系在一起，由此可见这座凯旋门如今的确和卢浮宫方向的建筑格格不入；有必要在原杜伊勒里宫遗址处建起一座大型建筑，位于两座重建的馆厅之间。卢浮宫的馆厅位于杜伊勒里花园和香榭丽舍大街主轴延伸线之外，这样做就可以掩盖这个缺点。或者还可以在卡鲁索广场末端建一座横向建筑，以此掩盖杜伊勒里宫和卢浮宫的不可调和性。

也许很多人的确没注意到这一大片区域凌乱的建筑风格，但是即使不是飞鸟也能发现两座宫殿的主轴不仅各自自成一派，而且根本就不相交，没有任何相同点。

杜伊勒里宫主体建筑烧毁后不可能永远都被放任不管，维持在这个状态，人们迟早会意识到这点的。

第五章　母城巴黎 [1]

工业革命为巴黎带来了大量外来人口，为了容纳这些人流，奥斯曼制订了一系列施工计划，旨在将巴黎的公共区域打造成一个新型城市共同体、外来人口的港湾。

[1]　Cf. Littré, op. cit., t. III, p.554.

　　简单地说，透过这片城市和郊区中的各色人等和各方势力，我们能悟出什么道理？巴黎是什么？它是一个人口极为稠密的市镇，比法国其他地区都要引人注目，但是巴黎的方方面面都能被拿来和其他城市作比较么？答案是否定的。

　　巴黎不是一座市镇；它是帝国的首都，整个国家的财产都集中在这里，这是一座属于所有法国人的城市［……］——它是全世界文学、科学和艺术的中心。

　　于是这样一座城市不可能完全归市政府管理。

　　与它有关的所有事物，国家都会以直接或间接的方式进行干预，也必须干预；因为国家的介入有助于促进巴黎的繁荣：巴黎的许多宫殿和文物是以国家名义修建，许多基金会和博物馆也由国家运转，一些公共项目和机构的支出也是由国家负担，比如巴黎保安局、当地的警察局、道路养护，最重要的是，一旦公共税收不足以支付某些市政款项，这时国家就会出资进行补贴。坐在市政厅里办公的

是省长 *，这个省长的行政职能等同于其他地区的区长 。[……]

其他市镇的政府都是通过选举产生的 *，但巴黎市政府不能通过选举组成。在巴黎，必须保持这个特例。这是一条准则。

事实上，确切地说，这座大都市真的能算得上是一个"市镇"么？连系这里 200 万市民的市政纽带是什么？这些市民的家乡都在一处么？当然不是！大部分人来自其他省市；许多巴黎人的家人在国外，大多数情况下，他们把自己的切身利益和大部分资产留在了海外。对于他们来说，巴黎就是一个巨大的消费市场、一片广阔的职业天地，是一个实现自己理想抱负的舞台；或者仅仅就是一个寻欢作乐的场所。巴黎并不是他们的家乡。

世界各地的年轻人都赶来巴黎学习。他们有的在预科学校注册，有的在各个学院上课，或者在金融机构、百货商场和工厂里当学徒；但对于他们之中的大多数人来说，他们只是巴黎的过客；他们的家庭、房产和家乡都不在巴黎。

数十万工人涌入巴黎，他们来这里是为了找一份薪水更高的工作，攒下足够的养老金然后返乡；在得以留在巴黎的人中，很大一部分人是因为在工作上卓有成就，无论在职称还是经济方面都在这座城市里站稳了脚跟；有些人甚至在工业领域拔得头筹，而且位高权重，新老市政委员会的成员名单中有些人就是这样的；剩下的人，也就是工人之中的绝大多数，则游走在各个工厂之间，他们居无定所，甚至露宿街头；在最困难的时期他们只能向亲戚和社会救助机构求助，这些人是巴黎市里的流浪者，他们完全体会不到市政的关怀，他们内心深处肯定感受不到任何家乡的归属感，对于他们来说这只是一个空洞的词，只有安居乐业的人才能从中找到目标和寄托。

当然这部分人中不包括公务员，很多公务员很早就进入了公共行政系统；也不包括知识分子阶层，学者们来到这座大城市是为了施展才华、实现理想，他们要在巴黎名利双收，但是他们人生的起点和终点始终都留在外省。巴黎市如果能把这些学者留在这里，那他们对于这座城市将是一笔丰厚的馈赠。

然而，我不能忘却在这个城市里来去匆匆的底层市民，他们数量众多，这些人往往手头拮据，抱有不切实际的幻想，行事风格大胆且不计后果，他们心中想要遗忘，但是又不愿放弃对成功那一丝微薄的期望，前途渺茫。这多少令人伤感，不过以上就是巴黎外来人口的几个主要类型。铁路网络遍布整个法国，火车每天都把大量外来人口运往巴黎。

在巴黎变幻万千、来来往往的人海中，还有一个少数群体，当然他们的实际数目可能很庞大，这就是真正的巴黎人，我们也许能在人群中辨认出这些巴黎原住民，他们是作为市镇巴黎最基本的组成部分；然而，巴黎人的居住地彼此分散，而且经常在各区之间搬家，巴黎人的家庭成员散落在巴黎市各处，所以他们对任何一个区政府、任何一个教区都没有什么特殊的留恋之情。所以，怎样才能培养他们的主人翁感情，让他们关注其所在区的切身利益呢？

　　然而，即使在其他时代，这些纯粹的巴黎人得以在城市里重聚、聚集在一起选出一位代表为他们争取市镇的利益，那么，面对如今不可避免地将普选推向政治途径的风向，他们还会始终置身事外么？

第六章　四种操作方式 [1]

开通新道路是奥斯曼省长改造巴黎的标志性工程。以下四篇文章解释了奥斯曼的团队是如何维护并重新利用当时现存的建筑来保护巴黎已有的城市内部组织。这些对巴黎原有市貌的维护措施完美地体现出奥斯曼团队的专业水准和因地制宜的能力。

---

[1]　原题目为"五种操作方式",但正文中只列出了四种,疑误。——译者注

1. 改造工程的重中之重——房屋维护 [1]

　　依照工作内容，当时巴黎市聘用的工程监督员和技术人员主要分为三种：第一类是负责市镇房屋和建筑物维修的工程师；第二类是负责新房屋修筑的工程师；最后一类工作人员则专注于大小道路系统的养护和管理。

　　第一类工作人员一共有 37 人，根据他们所负责建筑物的用途和性质，这组人员内部又细分成六个部门或办公室。在整个巴黎范围内，每一个部门根据自己所分配的任务作业；部门成员有固定的薪水，但是收入比较微薄；不过除此之外，他们可以承接来自工作所在城市或其他政府部门和个人的订

---

[1] 塞纳省警察局，行政文件（Documents administratifs, Paris, 1859—1860, cote BAVP: 21522），1859 年 11 月 14 日奥斯曼省长的演讲（塞纳省省长，巴黎警察局局长；市政厅委员）（Paris, Charles de Mourgues frères, [s. d.], in-4°, pp.60—64）。

单，为其单方面提供服务。

第二组工作人员，即负责新建工程和房屋扩建项目的工程师，直接受雇于市政府。这组人员内部由各种专业部门组成。部门的负责人，也就是通常所说的总工程师，其收入根据所负责工程的投资数额而定，项目在实际建设中的花销越大，总工程师的收入就会随之递减。在其手下工作的工程监督员和施工管理员每月得到的报酬非常少，不过他们可以利用业余时间承接其他的工程订单。巴黎市只是他们的服务对象之一，不过一旦达成协议，工作人员就要在既定时间之内交出一份满意的答卷。此外，规定工作结束后，工作小组也会随之自动解散，项目中的工程师也和市政府自动解除雇佣关系，不过他们的才华和功绩会永远被政府所铭记。

第三组人员和第一组相似，工资水平基本相同，他们在工作之余也可以同时受聘于其他主顾。第三组工作人员内部主要分为处级路政专员、区级路政专员和监察路政官。

经过六年的检验，我确信这样的团队编制从许多方面来看都存在不妥之处。

首先，就眼下已有的建筑来说，需要维护的建筑遍布于巴黎的各个角落，因此负责维修的工程师不得不辗转于城市各处，这非常不方便；而且，随着城市范围不断过大，这几乎成为了一项不可能完成的任务。所以当务之急是要将工作范围区域化，并且如有可能的话，将需要维修的建筑按种类严格划分，比如教堂这种需要特殊维修手段的建筑要单列出来。

第二，同一种建筑物的维修和新建工作为什么一定要分配给两组不同的人员来负责？[1] 城市改造工程需要杰出的艺术家，无论是维修现有建筑还是新建工程都需要同样的智慧和才干；负责维修教

---

[1] "在我的任期内，几乎所有部门都提出过大范围维修、更新办公设施的要求，还抱怨前任政府在基础设施维护方面的拨款严重不足。此外这里值得一提的是，我们还没能把木质的卧铺换成钢制的。这些木质床很容易长寄生虫，床绷还是用松紧带固定的，许多地方还用着老旧的草褥。"——引自 *Mémoires*, op. cit., p.683。

堂、市政厅和学校的建筑师肯定深入研究过这几类建筑的内部结构、房屋的缺陷和优势，因此他们比任何其他人都更了解如何新建一座教堂、政府工作大楼或教学楼，而且绝对不会犯一些门外汉的常规错误，比如装潢过于花哨、内部结构不合理等等。同理，一座崭新的公共服务大楼的设计师要比其他任何人都懂得如何维护自己的作品，因为各种养护需求是根据建筑的设计和建造过程而决定的。

第三，为什么巴黎市花大把精力成立了这么多专业部门，之后却将它们一一解散了？虽然改造完成后他们之间就没有雇佣关系了，但为什么不能把这些由精英艺术家组成的工作小组永久保留下来为今后的建设而服务？这样城市的各项设施都会有专人料理，道路的维修、养护和清洁，公共绿地灌溉，公共和私人照明设施，下水系统，自来水系统，人行道和绿地，等等，这些问题都会由训练有素的工程师负责；工作人员肯定也会非常满意能有一份稳定的工作和健全的退休机制，与此同时还能毫无保留地贡献出自己的才学和经验，日复一日地在自己的专业领域中探索新的发现。

以前，市政府制订的许多改造计划都承包给测量员来完成，这样做不仅让工程可能面临延期危险，也会为施工带来诸多不确定因素。在市政厅，我和前任市政委员会一致认为非常有必要为巴黎的改造计划组织一支完整的工作队伍。为了能够参与巴黎市的改建计划，许多能干的测量员不惜放弃手头的工作和顾客，即使这些工作的报酬要更加丰厚。这样一来，许多重大项目的施工计划很快就悄无声息地起草出来了，不仅如此，为了能让改造工程善始善终，大家还在短时间内设计出了新巴黎市的草图，整个计划可谓是前所未有的完美。

我认为应该从美术学院里精心挑选出一些优秀毕业生，经过层层选拔，由其中的佼佼者组成一支经验丰富的精英建筑师团队。这支队伍在市政府的领导下享有他们应有的待遇和健全的退休机制，全身心服务于巴黎城市建设，不用再被其他来自四面八方的订单分散精力。组织一支这样的团队可以为改建工程锦上添花，因为这些艺术家的才情和技艺足以内外兼顾，在确保建筑外部美观的同时精确估算到各种后续内部设施需要。艺术也许是一项独立事业，但我并不认为它会因此成为一个完全与世隔绝的独立存在。历史上的确有很多天才艺术家在种种外部条件的束缚下难以施展自己的才华，来自统治者或政府的种种苛求导致他们难以实现自己的艺术抱负；然而从另一方面来看，一栋建筑物和一幅画作或一组雕塑不一样，后者是艺术家个人情感的创造物，然而建筑则是一项更加复杂的工程，需要团队集体完成，而且只有在经过反复推敲、雕琢后才能得以完善。对于建筑物来讲最重要的是实用性，发挥这个性能的必要条件就是要事先制定一套严谨的方案，并且经过反复的推敲，这项工序是灵感来源不可或缺的一部分。

我所推崇的工作模式和市政服务的工程师团队的工作方式很相像。城市所有的建筑工程由一位总设计师统一领导。在这位总设计师手下，一共有两类工作人员受其领导：第一类人称为工程负责人，他们根据建筑特点和建筑用途（如教堂和庙宇、高中和小学教学楼等等）来分配工作；另一类人，也就是普通的建筑师、测量员、监工，则被分配到巴黎的各个区域，根据上级的指示对其所在区域内所有建筑物进行作业。这样一来，建筑师们不仅可以术业专攻，还解决了由于城市范围过大而导致的建筑物过于分散的问题。

现有的薪酬制度是根据城市中大规模工程的投资数额，按一定比例付给建筑师薪水：比如，一年中一项工程如果先耗费了 10 万法郎，那么工资就为这 10 万法郎的 3%；如果耗费 20 万法郎，工资就是总花销的 2.5%；耗费 30 万，工资就占总花销的 2%；以此类推，工资占总花销的比例不得少于0.5%。这样的结算方法可能会让一些责任心不强的工作人员钻空子，比如想方设法抬高项目投资，拖延工期。相比之下，新的结算方案抛弃了先前浮动的比例制方法，转而采用固定薪酬制，不仅能保证工作人员的权益，还能督促他们提高工作效率。

［……］

以上改革不仅适用于负责维修和新建建筑的工程师团队，路政专员和监察路政官队伍也需要改革工作制度。

这些公务员的任务是要依据法律规定，严密监管建筑物的走向、高度、私有房屋的内部格局，以及与地役权有关的房屋外观、装潢，还有各种固定或活动的突出物是否符合规定，等等。他们在工作过程中要时刻秉承严格审查的原则，随时将审查对象与违章标准做对比，这要求这些工作人员最好只有巴黎市这一个服务对象，或者说，他们脑海里只能存在一种标准。当路政专员发现一座违章建筑物的所有者正是他自己的时候，这种执法犯法的行为就会将他陷于尴尬境地；当然，理论上讲路政专员不应该在其管区范围内建造房屋；然而事实上这种进退两难的情况很难避免，比如他可能碰上管区内

的房屋恰好属于他的同事，或者偶尔去其他管区巡
视时遇到与自己利益相关的建筑，这时执法人员就
会受到各种诱惑或羁绊，很难刚正不阿。再者说，
路政官的监察工作应该随时随处进行，没有地区时
间之分。

针对这些问题，我建议新的工作制度以以下这
几条规定为基本准则：工作人员享有丰厚的报酬；
严厉禁止路政官在其管区内建筑房屋；此外，关于
工作权限方面的问题——道路管理涵盖我们以前常
说的小型道路网和大道路网；老旧待拆除的建筑物
也在监管范围之内，养护费用酌情减少；最后，房
屋征购需要专家鉴定书。

2. 历史记忆不容摧残 [1]

卢浮宫前方区域的清理整治工作结束后，曾

---

[1]   *Mémoires*, op. cit., p.1084 sq.

经严重影响卢浮宫柱廊美观的一大批破旧民居被拆除，留出了一大片空地，这也使得对面的一座破旧教堂进入人们的视线。这座奇形怪状的教堂让巴黎路政局很是头疼。第二共和国总理兼后勤内务长浮勒德（Arhille Fould）先生当时主管民用建筑、美术馆、皇宫以及博物馆的修缮改造工作，他直截了当地建议我应该拆除这座不甚美观的圣日耳曼奥塞尔教堂：按照浮勒德先生的意思，这座教堂没有任何艺术价值，所以整个教区几乎被夷为平地。我最后同意了总理的建议，但是在我的一再恳求下，教堂的门廊得以保存下来。尽管如此，我还是对这种破坏历史遗迹的行为非常反感，这样蕴含着深厚历史积淀的古建筑理应得到妥善保护。

　　"我和您一样，"我对浮勒德先生说，"如果一堆石头毫无艺术价值，我也不想留着它们；但是对于一名新教徒来说，圣日耳曼奥塞尔教堂见证了一

个我痛恨至极的历史事件，[1] 正因如此，作为省长，
我觉得自己有义务将它保留在巴黎的版图上。""可
是，我也是新教徒啊。"总理打断我。"啊？……"
我答道，"这就更糟了！我们两个新教徒，合伙密
谋拆毁圣日耳曼奥塞尔教堂？不知道的人肯定会以
为这是圣巴托洛缪惨案受害者采取的报复手段！"

　　浮勒德先生不得不承认我说的有道理。

3. 充满变数的保护工作

　　只有对当时老巴黎市区了如指掌的人才能对
改建工程提出有建设性的意见；改造巴黎市的过程
尤其漫长，并且不可能取得立竿见影的效果，但是
我不敢忽视任何一个细节，这个过程可谓是困难

---

[1]　圣巴托洛缪惨案（Saint-Barthelemy），发生于 1572 年法国宗教战争期
　　间，由宫廷内部针对法国加尔文主义新教徒领导人物的刺杀行动引发，
　　之后发生天主教徒针对新教徒的暴动。屠杀当晚的信号正是由圣日耳
　　曼奥塞尔教堂发出的。——译者注

重重：一方面，有来自地役法和现有房屋的外部限制；另一方面，民众的要求越来越苛刻，在过去30年里城市中很少有令人惊喜的变化。

然而一些自以为是的考古学家只顾着欣赏老巴黎的魅力，殊不知这样的巴黎只存在于画集、雕刻或是古书中。然而他们仍然一脸轻蔑地抱怨奥斯曼男爵践踏了他们曾经美好的城市！

但是我要问问这些蜷缩在图书馆里不问世事的学究们，你们亲眼见过哪一座有历史文化价值的古建筑被我的政府拆毁了！我们在接管这些古建筑后，一直致力于让它重焕生机，最大程度地体现出它们的价值！

在我的提议下，我的团队收购了卡纳瓦雷公馆，以便可以更好地保护这栋建筑，并将它的每一间房屋都改造成巴黎历史博物馆。这些满腹牢骚的考古学家们，你们难道不记得卡纳瓦雷博物馆了？我执政伊始就遇到了难题：里沃利街（Rue de Rivoli）的第一延伸路段需要进行额外的道路改造，还

有巴黎中央市场（Halles centrales）前方的清理工
程，就像我在前面提到的一样，这些工程的施工过
程非常困难，需要非常精密的操作，而且工程投入
之巨大也是我们始料未及的。最重要的是，这些工
程使我当时另一项艰巨任务变得更加困难：在一张
不很精确的巴黎地图[1]上，拿破仑三世亲手绘制了
几条新建道路图，我的任务就是将他的设想付诸实
践。这些道路的开通是我巴黎改造计划中最重要的
一个环节。

4. 改造房屋用途的先驱者

自从妇女临终关怀医院[2]（l'Hospice des incu-
rables）从塞夫尔街（rue de la Sèvres）迁址至伊夫
里（Ivry）后，医院旧址建筑仍然完好无损，院子

---

[1]   Cf. infra, p.92, "*Conflit avec Napoléon III sur la qualité architecturale*".

[2]   现更名为拉尔耐克医院（Hôpital Laennec）。——译者注

宽敞整洁，高大的树木屹立在两侧。我觉得在这个地方建一座中学再合适不过了，更何况圣日耳曼市郊正缺一所高中。我于是建议将路易大帝中学（Lycée Louis-le-Grand）迁到这里。

当时巴黎五所最好的中学中有三所集中在拉丁区，它们分别是罗兰公学（Collège municipal Rollin）、圣巴尔贝中学（Institution libre de Sainte-Barbe）和坐落于邮政街（Rue des Postes）的耶稣教会中学（Collège des Jésuites）。我认为教育资源过于集中从很多方面来看都非常不合理，而且会给走读的学生带来诸多不便。现已决定将罗兰公学搬迁到位于蒙马特山丘的特利丹大街（Avenue Trudaine），新址距波拿巴中学（Lycée Bonaparte）（现名为康多塞中学［Condorcet］）的距离和查理曼中学（Lycée Charlemagne）差不多。因此我个人认为没必要让亨利四世中学（Lycée Henri IV）、圣路易中学（Saint-Louis）和圣巴尔贝中学都集中在圣女日南斐法山^[1]（Montagne Sainte-Geneviève）上。但是这次打着保护传统旗号的守旧派占了上风。在经过诸多变动之后，我的计划最终还是流产了。

　　所以最后，我们不得不为圣日耳曼区和荣军大道（Boulevard des Invalides）新建一所中学。（哎，为了保留所谓的传统！）而路易大帝中学的改建只能在它以前又小又破的原址进行。

---

[1]　圣女日南斐法山上集中了法国多所高等学府，著名的拉丁区正坐落于此。——译者注

第七章　与拿破仑三世关于建筑质量的争论 [1]

苏利桥（Pont Sully）横跨塞纳河两条支流，位于圣路易岛上游，布列东威利尔公馆曾经坐落于此。苏利桥用来连接亨利四世大道和圣日耳曼大道。我离开市政厅的时候这座桥还没有开始动工，虽然我早就制定了修建方案，但是皇帝陛下正式拒绝了我的计划。

---

[1]　*Mémoires*, op. cit., p.748.

按照我的指示，负责此工程的建筑师在亨利四世大道主路沿线处架起了两部分桥梁，此处应该与圣日耳曼大道的主路沿线相连，连接地点位于"圣贝尔纳码头路"（Quai Saint-Bernard）。鉴于我们不用在河中建桥墩，所以施工过程不用特别顾及大小支流。这个安排随后得到了进一步印证：首先，当时业已开通的亨利四世大道呈一条直线连接巴士底列柱和先贤祠，大道两头视野畅通无阻；此外，圣日耳曼大道的主轴和"圣贝尔纳码头路"主轴的相交地点恰恰位于这条直线上。

我相信这并不仅仅是一个巧合。

然而，皇帝陛下并不喜欢歪着的桥，当然从理论上讲，我大多数时候也并不鼓励建这种类型的桥。陛下坚决不愿意承认，在这种情况下，其实应该妥协，而不是在笔直的道路中间凿洞，这样做虽然能让两部分桥符合常规标准，而且能与被桥梁横跨的塞纳河支流主轴保持直角，但是破坏了原本笔直的道路走向，效果十分可怕。我收回了自己的原定计划，本想等着将来有更好的时机再把它拿上台面，但是我却没有等到这个机会。

实际上，这次我其实不应该提及巴士底列柱和先贤祠这两座建筑的视野问题。皇帝*指责我这个市政官员太艺术化了，太过拘泥于校正建筑物的走向，在研究公路走向的问题上太执着于视野和角度问题。"在伦敦，皇帝对我说，大家只需要顾及这些规划是否有利于交通。"我每次都回答他同样的话："陛下，巴黎人和英国人不一样；巴黎人值得更好的。"

圣米歇尔大道开通后，皇帝陛下来到这条大道的下半段视察，这条路段里包括学院路（Rue des Ecoles）和圣米歇尔桥前方的圣米歇尔广场，陛下身处这个路段后发现，在这里正好能看到对面圣礼拜堂（Saite-Chapelle）的尖顶。在圣米歇尔大道的上半段，我不得不按照圣路易中学一侧的走向做部署。但是我在大道的下端做了一些小小的改动，让圣米歇尔大道得以和圣米歇尔桥交会，这也算是对我的一个补偿吧。而且这样做以后，圣米歇尔大道还可以和圣米歇尔广场路相连，连接这条广场路的还有圣安德烈大道。圣米歇尔大道和广场路的交会点恰恰就是圣米歇尔桥。——"啊！陛下笑着对我说，现在我明白您为什么如此讲究广场布局的对称性了。原来您是想要追求这个视点。"——"的确如此。"我回答道，"不过，为了得到这个效果我没有做任何牺牲。恰恰相反，我还顺带解决了大道折点的问题，以前我们是无论如何也规避不了这个缺点的。"

值得庆幸的是最后这项任务总算圆满完成了。

第八章　工程师和建筑师 [1]

　　在整部回忆录中，特别是在其去世前还在修改的第三册回忆录里，奥斯曼都多次提到了巴黎改造工程中的施工人员、工程师和建筑师，他和这些人一直保持着密切的联系。

　　奥斯曼省长倡导的改造手段与维奥莱－勒－杜克在《分类词典》[2] 的序言中所做的论述有异曲同工之处，而且与后者在《建筑访谈》[3] 中的结论也不谋而合。

---

[1]　*Mémoires*, op. cit., p.1072.

[2]　Op. cit., supra.

[3]　"如今我们看到二十年前建筑物中使用的铁架结构既复杂笨拙，又不够坚固，而且还造价不菲，最近几年使用的铁架结构和这些老旧铁架相比不得不说是一个巨大的进步。是声名远扬的建筑师们推动了这项进步么？很遗憾，答案是否定的，工程师们才是真正的推动者；然而工程师在建筑学方面所受的教育有限，他们只知道将铁器进行实际运用，却毫不顾及美观；我们这些建筑师本来可以帮助工程师弥补他们在审美上的欠缺，然而我们却拒绝使用这些新鲜事物，或者即使我们同意采纳它们，那也要把这些建筑工程师开发的实用方法加以改造，并且，我在这里需要重复一下，把这些实用方法披上传统的外衣。"引自 *Entretiens sur l'architecture*, Pairs, A. Morel et Cie, 1863, p.75。

事实上，美术学院的熏陶让建筑领域的工作者
们培养出了精湛的技艺和无懈可击的审美情趣，我
自己也曾经在多种场合向他们取经，并且引以为
豪。但是，虽然我接下来要说的话会可能引起不
悦，但是我还是要大胆地指出，在法兰西帝国，这
些建筑师中没有一个人能真正把自己的才华变成艺
术并且与新时代接轨。

路桥学院（Ecole des Ponts et Chaussées）在
这方面做得无疑要更好。这其中的原因并不难理
解，在如今这个时代，实用科学以及工程领域的实
用技能和实用艺术得到了突飞猛进的发展，任何进
步都不能与之相比。无论如何，路桥学院培养出了
阿尔方[1]、贝尔格兰德[2]一干人等，还有德尚[3]，这

---

[1]　阿尔方（Jean-Charles Alphand，1817—1891），路桥学院工程师，参与
　　了奥斯曼改造巴黎的工程。——译者注

[2]　贝尔格兰德（Eugène Belgrand，1810—1878），路桥学院工程师，参与
　　了奥斯曼改造巴黎的建设。——译者注

[3]　作为建筑师、路政官和公务员，德尚的才能迥异，与美术学院培养出
　　的自由主义建筑师的风格完全不同，Cf. Viollet-le-Duc, ibid., p.406。

位大家虽然并不被巴黎地图局所知，但是他的才华绝对可以和那些精英并肩，并且值得巴黎人的敬仰和认可。德尚本来在美术学院学习，但是这个"变节者"却离开了美术学院成为了一名建筑师和路政官；此外，他还是巴黎市的土地测量员，并且逐渐成为了这座城市最重要的路政官、城市房屋的法律卫士（这方面的法规还很不健全）；不过，最重要的是，巴黎这些备受推崇的新建大道都是在德尚的启发和倡导下制定模线的；德尚是一位精明的实践者，他为这些道路绘制的草图不仅最大程度地规避了各种损害，还使路线与土地保持了最大契合度，并且兼顾交通状况，还保持了最佳视野；德尚亲自到施工现场对道路进行边线测量和水准测量，得出的数据十分精确，所以道路通车之前，在路两头和路边任何一处加盖房屋都不会出错。

第九章　美术

奥斯曼在学校里上科学课的时候经常画草图，这项技能让他在实际空间中也能掌握建筑的整体，并且对美学保持着极高的敏感度。因此他不仅有能力审核工程师们抽象的施工工程，也能对建筑师在美术学院接受的新古典主义教学指点一二。

美术教学

杜马[1]先生对我给予了大力支持，我们致力于
在初等教育阶段推广美术教学，并且发展美术领域
的专业教学，最主要的是，要在学校开展美术课。

技术绘图

我相信，建筑师［德尚[2]先生］在顺利结束实
习后已经凭借他的才华和品位迅速在同行中崭露头
角，我看到他以前的很多同学都得到了很不错的职
位，如果德尚在他事业之初也能像其他同窗一样在
巴黎工程部门任职的话，他如今肯定也和他们一样
位居高职；但是德尚却加入了路政工程师的队伍，

---

[1]   *Mémoires*, op. cit., p.545.

[2]   *Ibid.*, p.796.

在这个领域里，几何学和绘图技术要比传统意义上的建筑学更重要；从业者应该对建筑理论了如指掌，并且能够比较各种原材料的性能和它们的柔韧度，所有与职业有关的事情他们都要一清二楚；但是在这个职业里艺术细胞就不是那么重要了，甚至有些多余。

德尚先生立刻证明了他是一位杰出的测量员、技艺精湛的绘图师，最重要的是，他还是一位充满智慧的路政工程师，像他这样的人凤毛麟角。1853年，他负责绘制各个级别公共道路的路线图，被扣上了一个浮夸又不准确的头衔"巴黎地图保管人"；这么说是因为当时官方还没有绘制任何一张全巴黎的地图。辅佐德尚先生的还有四位专业测量员和一位审核测量员。当时德尚先生隶属巴黎路政局，这个部门和路桥部、城郊路政局、水利部、巴黎路面管理部、建筑部和职业规划部同属一个分支。

奥斯曼的绘图

巴尔塔 [1] 曾经是我在亨利四世中学的同窗，[……] 他是"罗马大奖"的获得者、法兰西艺术学院成员。根据巴尔塔的最初设想，中央市场应该用美丽的巨石铸成。但是皇帝陛下给了他一张草图，这张图是我草草代笔的，图中的中央市场整体正视图是一座非常现代的建筑，于是巴尔塔不得不将这座建筑改成了铁质结构*。

的确，法兰西帝国塞纳省省长是一位有艺术细胞的行政官员；他痴迷于一切宏伟的事物，对大型建筑物所散发出的和谐感极度着迷；他非常喜欢这种整齐和平衡的基调，这种美感犹如苍穹的广阔直击人心；他醉心于一切美的事物，它们是"真、善"的绝佳艺术表现形式，其他一切都是次要的；

---

[1] *Mémoires*, op. cit., p.68.

但是人生经验告诉他，次要的事物也不能忽视。归根结底，在这个世界上，有时候次要事物的作用非常重大，因为它们无处不在：所以从现在开始，我们不仅要尽己所能，全身心地关注这些次要事物，还应该理所当然地对它们加以呵护。

协会的工程师、建筑师阿尔芒先生刚刚完成了巴黎东站的修建，皇帝陛下 [1] 对此十分满意。于是陛下觉得中央市场 [2] 也应该按照这种风格修建，整个大厅被钢铁结构覆盖，装着玻璃窗，火车就在这里始发。——"我就需要这种大大的雨伞式结构；其他的什么都不要！"有一天皇帝陛下这样对我说。他让我收集一下之前他征集的草案，并且对其分类。与此同时，皇帝陛下还用铅笔画了几笔草图，向我展示他的设想。

我于是拿走了这张画有陛下意图的纸。我首先

[1]　*Mémoires*, op. cit., p.1072.

[2]　也有译作"巴黎大堂"（Halles Centrales de Paris）的。——译者注

在巴黎地图上标注出了几条大道，我觉得这几条大道必不可少，它们可以连接巴黎大堂各个路口的交通，从而缓解圣犹士坦角（Ponte Saint-Eustache）和夏特莱广场这一段的交通压力，然后我确定了两组顶棚的直径，我们如今看到的顶棚大小就是我当时制定的；不过其中一组顶棚，就是教堂对面的那一组，一直未能完工，因为这部分工程要等与之相连的"小麦市场"[1]的清理工作完成后才能继续。在我的原计划中，连接这两座建筑沿线的大路应该以"小麦市场"作为起点。然后我又画了一张草图，这张图完全是按照陛下的意思画的，两组顶棚，或者说"大大的雨伞"的正面，被几条路隔开，与横向的大路相交，所有道路上方都覆盖着带大齿轮的穹顶。画完这张图以后，我找来了巴尔塔并对他说："您复仇的时候到了。您赶快按照图中

---

[1] 小麦市场（Halles aux Blés），始建于1763年，是谷物交易的场所；后改为巴黎贸易交易所（Bourse de commerce de Paris）。——译者注

的指示帮我做一份草案。记住必须要铁质的，必须铁质，其他的什么都不要！"

　　我按照自己的设想画了一份外形草图并把它交给了巴吕[1]先生。在拟订计划之后，他用石膏做了一个小模型，我对此十分满意。得益于巴吕先生严谨谨慎的风格和杰出的执行能力，天主圣三教堂虽然没能成为受到艺术大师敬仰的杰出建筑，但是它却是公众接受程度最高的新巴黎建筑之一。

---

[1] *Mémoires*, op. cit., p.1094.

第十章　奥斯曼和伏尔泰——同样的斗士 [1]

　　伏尔泰曾经写到他热切盼望看到巴黎开展美化工程，现在我们这一代人终于看到这个理想得以实现了，而且工程规模比想象的还要大。伏尔泰曾经鼓动巴黎市的"立法团体"建立新的税收项目，向"市民、房屋和食品征税"。不仅如此，伏尔泰还希望市政厅征收"终身年金和轮流年金"，甚至可以筹划一个"联合彩票项目"；用一句话概括，就是为了给这项他向往已久的国家工程提供资金支持，伏尔泰不惜动用一切他那个时代可以找到的税收手

[1] *Mémoires*, p.753. Autocitation d'un "Rapport à l'Empereur" du zo mai 1868.

段和财政手段。

不过让人惊奇的是，在伏尔泰的演说中，他提到了各种生产支出理论，有些理论甚至可以追溯到一个多世纪以前。

这位卓越的思想家甚至预测到巴黎的大规模改造工程至少会让国库和巴黎财政部一起受益。根据伏尔泰的理论，从这个角度考虑，的确应该将公共收入大幅投入到酝酿中的改造工程中。

我承认，如今公共收入的确运用到了伏尔泰热烈支持的改造事业中，但是幅度很小（在25亿多的总投入中，公共收入只占8000万多一点）。至于巴黎立法团，在实际操作中它表现得的确要比前辈们好：它没有设立任何附加税和过重的税收款项；立法团甚至有意为纳税人大幅减税，以此为自己的丰功伟业锦上添花；按照既定传统，立法团考虑给市政债券再加几个筹码：它绝不会设立终身年金，也不会征收永久公债，而是决定推出一系列措施以便单纯通过城市收入来支付贷款偿还金。

向法国及外国作家表示感谢

时代并没有改变……奥斯曼在巴黎任职期间以及巴黎公社之后，他的大部分敬仰者来自国外，比如欧洲其他国家或者美洲。

伊尔德方斯·塞尔达（ILDEFONS CERDA）

作为工程师、建筑师，伊尔德方斯·塞尔达（1815—1876）是巴塞罗那整改方案的设计者，此方案计划拆除巴塞罗那老城城墙。塞尔达于1856年第一次访问巴黎，目的是考察奥斯曼发起的改造工程，特别是道路系统方面。他于1867年世博会的时候又回到了巴黎，在这一年他出版了《城市化理论概述：巴塞罗那的城市扩展改革》(*Teoria general de la urbanizacion. Reforma y ensanche de Barcelona*)：此书共两册，总共有 1500 多页，从理论研究的角度出发，并附有诸多地图和数据文献 [1]。这部著作孕育了一门曾经不存在的学科，随后法语中称其为"城市规划"。当时奥斯曼不仅完全没听说过这个名词，他还根据自己的经验主义竭力反对塞尔达。对他来说，urbanizacion 是一门模式化的纯科学学科（具有乌托邦性质）。

安东尼奥·洛佩兹·德·阿贝拉斯图利如今向我们指出，当时为了获得修建新设施和新住房必要的土地，塞尔达不得不采取征用的方法，他为此促成

---

[1]　Cf. La Théorie générale de l'urbanisation, Paris, Seuil, 1979，安东尼奥·洛佩兹·德·阿贝拉斯图利（Antonio Lopez de Alberasturi）综合选取了一些文章摘要，将其汇总并翻译成法文，最终出版了这本 200 页的小册子，此版随后被翻译成意大利文和英文。这部著作不可能从头到尾被翻译成其他语言，这是它仅有的翻译版本。此书副标题的意思是"改造和发展"。

通过的法令就是直接受到了奥斯曼改造程序的启发。

甘蒂诺·塞拉（QUINTINO SELLA）

意大利财政部长甘蒂诺·塞拉（1827—1884）曾于 1870 年向奥斯曼请教关于罗马现代化改造的建议。后者告诉他，古城是一个独立存在的历史遗迹，应该在蒙特马洛山上建一座新城，于是这个新城就在 EUR[1] 区 [2] 之前问世了。

伊尼哥·特里吉斯（INIGO TRIGGS）

英国建筑师、园林艺术理论家伊尼哥·特里吉

---

[1]　Cf. Paolo Sica, Storia dell'urbanistica. L'Ottocento, Rome-Bari, Later-za,1991, et Silvano Tintori, "L'urbanistica<borghese> in Italia: i Primi piani post-unitari", in Giuseppe Dato (sous la dir. De), L'Urbanistica di Haussmann: un modello impossibile?, Rome, Officina, 1995.

[2]　意大利首都罗马的一个区，始建于 20 世纪 30 年代，是罗马近郊的新城市中心。——译者注

斯在 1909 年指出："奥斯曼男爵的巴黎长期改造计划是欧洲发起的所有城市现代化工程的鼻祖。"[1]

弗雷德里克·劳·奥尔姆斯特德（FREDE-RICK LAW OLMSTED）

弗雷德里克·劳·奥尔姆斯特德是许多美国自然公园的设计师，他的作品就包括纽约的中央公园。奥尔姆斯特德非常敬佩奥斯曼，他借鉴了奥斯曼"公共绿地"这一理念，以及一些关于"街道家具"的元素。在他的第三册文集《创造中央公园：1857—1861》（*Creating Central Park 1857—1861*）[2] 中，作者叙述了他于 1858 年访问巴黎的经历："我遇到了费兰（Phalen）先生，他以前非常欣赏纽约中央公园，直到现在他对我们

---

[1]　*Town Planning Past, Present and Possible*, Londres, Methuen & Co., 1911.

[2]　Baltimore, The Johns Hopkins University Press, 1983.

工程的兴趣也一直未变。他向我介绍了路桥学院的总工程师阿尔方先生，他是巴黎市郊改建工程的负责人。这位阿尔方先生非常友好地解答了我的疑问，还派了一位工程师陪我参观布洛涅森林公园。我在巴黎待了十五天，访问了我所有力所能及的地方，所有公共场所和散步场所［……］。最后我一共去过八次布洛涅森林公园。"

乔治·桑 [1]（GEORGES SAND）

"如今开通了这么多条新道路，这些新道路在艺术家的眼中也许过于笔直，但是它们却能百分之百确保安全，我们能两手插在兜里长时间地漫步在这些路上，再也不会迷路了，也不用不停地找街角

---

[1]　乔治·桑曾经和奥斯曼的关系非常好。当年轻的奥斯曼还是内拉克副省长的时候，他帮助乔治·桑离婚，帮她夺回了女儿的抚养权并且为她觅到了一处"他所能找到的最好的住所"（cf. *Memoires*, op. Cit., p.149—152）。但是奥斯曼男爵任职法兰西帝国的省长后，乔治·桑就向他发起了政治斗争。

的工作人员或者街上和蔼的杂货店主问路。在如此
宽广的人行道上漫步是一种幸福，好像做着一个甜
蜜无比的美梦，同时又不影响欣赏和倾听。[……]

　　"但是我们就是在这里，我们漫不经心地置
身于新修建的公共花园中，突然我们聚精会神。
[……]眼前是一片绿地：我们睁开双眼在这里
奔驰。[……]

　　"上千种植物唤醒了我们的地理知识，与此同
时还有其他关于科学、社会、经济、历史、宗教、
政治和工业的知识。人民群众的孩子在自己忘却痛
苦的兄弟的启迪下，凭着对奢华的向往，开始了学
习、寻觅和实践的旅程。法国还没有富裕到可以给
人免费上课的地步；上百万实实在在的花销间接告
诉我们：这真的没什么值得人期待的？"[1]

---

[1]　Paris-Guide, par les principaux écrivains et artistes de la France, Paris,
　　　Librairie international A. Lacroix, Verboeckhoven et Cie éditeurs, 1867,6
　　　vol. George Sand, "La reverie a Paris", t. IV, p.1196—1203.

图书在版编目（CIP）数据

奥斯曼，巴黎的守护者/（法）奥斯曼著；（法）弗朗索瓦
茨·舒艾，（法）文森特-圣玛丽·戈蒂耶编；陈晓琳译.—北
京：商务印书馆，2020
ISBN 978－7－100－17658－3

Ⅰ.①奥…　Ⅱ.①奥…②弗…③文…④陈…　Ⅲ.旧城改造—
研究—巴黎　Ⅳ.①TU984.565

中国版本图书馆CIP数据核字（2019）第145532号

奥斯曼，巴黎的守护者

〔法〕奥斯曼　著

〔法〕　弗朗索瓦茨·舒艾
文森特-圣玛丽·戈蒂耶　编

陈晓琳　译

商　务　印　书　馆　出　版
（北京王府井大街 36 号　邮政编码 100710）
商　务　印　书　馆　发　行
北京通州皇家印刷厂印刷
ISBN 978－7－100－17658－3

2020 年 8 月第 1 版　　　　开本 787×1092　1/32
2020 年 8 月北京第 1 次印刷　印张 6

定价：30.00元